최신 PCB 기초

김형록 지음

공감북스

PREFACE

머리말

국내 PCB 산업은 많은 발전을 해오고 있는 상황에서 전문엔지니어들은 많이 부족한 현실입니다. 아무것도 모르는 상황에서 현장에 투입되어 기초도 없이 경험에 의해 일을 하게 되므로 어렵게 일을 접하게 되고 일에 흥미도 갖기 힘듭니다.

모든 것이 기초가 튼튼해야 일도 재미있고 발전할 수 있습니다.

이에 본인은 최신PCB기초를 모든 PCB 초보분이나 관련하는 분께 알려드리려고 펴내게 되었습니다.

모든 것이 체계적으로 배우고 일을 하시면 이해도 빠르고 재미도 느낄 수 있는 것입니다. 기초부터 튼튼히 하시기 바랍니다.

이 책에는 PCB 기초용어, 기초재료, 가공공구, 기초화학, PCB 관련화학 등을 다루고 있습니다.

아무쪼록 이 책이 PCB에 입사하는 분들이나 엔지니어분들뿐만 아니라 관련되시는 모든 분들게 도움에 되며 기초가 되길 바랍니다.

끝으로 본 책을 집필하는데 도움을 주신 출판사와 편집부 여러분께 감사드립니다.

2022. 05.19 저자 씀

CONTENTS

차 례

CHAPTER 01 PCB 용어

1.1 가군용어 ········· 2
1.2 나군용어 ········· 10
1.3 다군용어 ········· 13
1.4 라군용어 ········· 21
1.5 마군용어 ········· 26
1.6 바군용어 ········· 31
1.7 사군용어 ········· 42
1.8 아군용어 ········· 51
1.9 자군용어 ········· 63
1.10 차군용어 ········· 69
1.11 카군용어 ········· 71
1.12 타군용어 ········· 73
1.13 파군용어 ········· 74
1.14 하군용어 ········· 85

CHAPTER 02 PCB 재료기초

2.1 동박 적층판(Copper Clad Laminate) ········· 92

2.1.1 동박(Copper foil)~PCB의 도체에 Base로 사용 ··· 93
2.1.2 절연층 ··· 96
2.1.3 CCL의 종류 ··· 96

2.2 열 경화성 수지 ··· 98

2.2.1 의 미 ··· 98
2.2.2 Phenol resin(페놀 수지) ··· 99
2.2.3 Epoxy resin(에폭시 수지) ··· 100
2.2.4 BT 수지(Bismaleimide Triagine resin) ··· 101
2.2.5 폴리이미드 수지(Polyimide resin) ··· 101
2.2.6 경화제(Hardner) ··· 102
2.2.7 난연제(flame retardant) ··· 103
2.2.8 중합(Polymerization) ··· 103
2.2.9 가교(Closslinking or Bridging) ··· 104
2.2.10 Glass 전이 온도(Glass Transition Temperature) ··· 105
2.2.11 Gel time ··· 105
2.2.12 바니스(Varnish) ··· 105
2.2.13 유리 수지섬유(Glass Cloth) ··· 106
2.2.14 프리프레그(prepreg) ··· 107
2.2.15 화합, 함침 공정(Combination Impregnation) ··· 108

2.3 PCB 제조용 ink ··· 108

2.3.1 열 경화형 ink ··· 109
2.3.2 자외선 경화형 ink ··· 109

CHAPTER 03 PCB 가공 공구기초

3.1 드릴 및 라우터 Bit ··· 114

3.1.1 드릴 Bit ··· 114
3.1.2 라우터 Bit ··· 118

3.2 가공 공구 ··· 118

3.2.1 재단날 ··· 118
3.2.2 면취날 ··· 118
3.2.3 V-Cut 날 ··· 119

3.2.4 기타 ······ 119

CHAPTER 04

PCB 기초화학

4.1 기초적 단위 ······ 122

4.1.1 길이 단위 ······ 122

4.2 기초 역학 ······ 123

4.2.1 중력의 법칙 ······ 123
4.2.2 에너지 ······ 123
4.2.3 밀도 = 질량/부피[g/cm^3] ······ 123
4.2.4 비 열 ······ 123

4.3 화학 용어 ······ 124

4.4 기체 ······ 125

4.4.1 기체의 부피와 압력 ······ 125
4.4.2 대기압 ······ 125
4.4.3 보일의 법칙 ······ 125
4.4.4 상태도 ······ 126
4.4.5 산화 · 환원 ······ 126
4.4.6 전기 화학 ······ 127
4.4.7 점 도 ······ 128

CHAPTER 05

PCB 응용화학

5.1 Imaging 관련 ······ 130

5.1.1 Dry film ······ 130
5.1.2 반응 mechanism ······ 130

5.2 Etching ······ 133

5.2.1 염화 제 2동 용액($Cucl_2$) ······ 133
5.2.2 염화 제 2철 용액($FeCl_3$) ······ 134

5.2.3 알칼리 Etching 액 ······ 134
5.2.4 과수-황산 etching 액(soft etching 액) ······ 135

5.3 흑화 처리(oxide) ······ 135

5.3.1 반응 원리 ······ 135
5.3.2 Pink ring 발생 원리) ······ 135

5.4 디스미어(Desmear) ······ 136

5.4.1 방 식 ······ 136

5.5 무전해 화학 동도금(Exlectroless Cu Plating) ······ 137

5.5.1 반응 원리 ······ 137
5.5.2 무전해 화학 동도금 약품 ······ 137

5.6 패턴(전기) 동도금(Electro cu plating) ······ 127

5.6.1 동도금 약품 ······ 137
5.6.2 도금 원리 ······ 138

5.7 전기 솔다 도금(Electro Solder Plating) ······ 138

5.7.1 솔다 도금 약품 ······ 138
5.7.2 도금 원리 ······ 138

5.8 Solder resist ink ······ 139

5.9 finish ······ 139

5.9.1 단자 Ni 도금(watt 욕/설파민산욕) ······ 139
5.9.2 단자 금도금 ······ 140
5.9.3 무전해 Ni, Au 도금 ······ 140
5.9.4 무전해 Pd 도금 ······ 142
5.9.5 무전해 Ag 도금 ······ 142
5.9.6 무전해 주석도금 ······ 142

제1장
PCB 용어

1.1 가군 용어
1.2 나군 용어
1.3 다군 용어
1.4 라군 용어
1.5 마군 용어
1.6 바군 용어
1.7 사군 용어
1.8 아군 용어
1.9 자군 용어
1.10 차군 용어
1.11 카군 용어
1.12 타군 용어
1.13 파군 용어
1.14 하군 용어

1.1 가균 용어

공기분사기 (Air knife)

습식공정 (wet process)[1] 에서 기판에 부착된 물기를 제거하기 위해 사용되는 슬리트(slit) 사이에 공기(air)를 칼날(knife) 형태로 불어주는 장치이다.
주로 컨베어(conveyor) 수평장비의 맨 끝에 건조기(Dryer) 앞에 위치한다.
(예) 정면기, 현상기 등에 설치되어 있다.

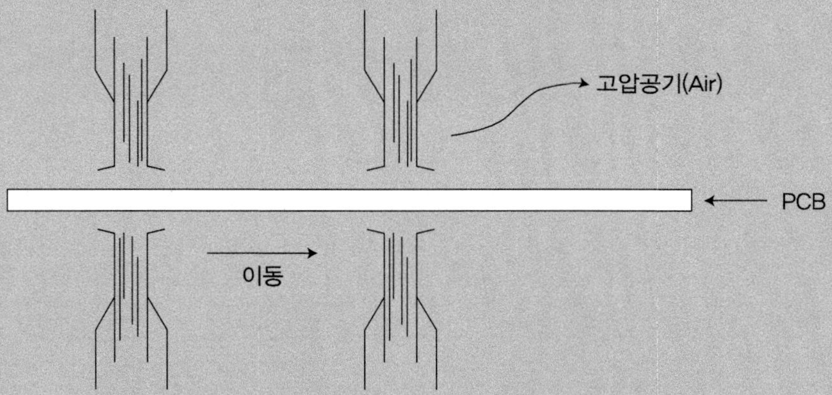

그림 1.1 공기 분사기 (Air knife) 모습

기자재 (Base material)

인쇄회로기판(PCB)의 전도성 회로를 형성할 수 있도록 지지해주는 절연물질을 일컫는다.
(예) 에폭시 수지(epoxy resin), 페놀 수지(Phenol resin), 폴리이미드 수지(Polyimide resin) 등이 있다.

기자재 두께 (Base material)

인쇄회로기판(PCB)의 금속박(metal foil ; Cu foil 등)과 표면보호막(PSR, coverlay 등)을 제외한 절연물질의 두께를 일컫는다.

1) 습식공정(wet process)란 PCB 제조공정 중 액체를 사용하는 공정을 말한다. 대표적인 습식공정으로는 도금, 부식 공정 등이 되겠다.

광택제 (Brightner)

도금의 금속 석출물 (예 ; 구리, 금 등) 의 광택도를 개선하기 위한 첨가제를 말한다.

갈색 산화물 (Brown oxide)

내층 인쇄회로기판(PCB)의 산화 (oxide) 처리의 일종으로 산화막 두께가 얇아 갈색으로 보이는 산화물 (oxide)을 말한다.

산화물은 산화제이동 Cu_2O으로 형성된다.

그림 1.2 갈색 산화물 (Brown oxide)의 SEM 사진

균열 (Cracking)

금속 또는 비 금속 내부에 균열이 발생하여 금이 간 상태 또는 층과 층 사이의 적층부(Laminate)에 수직방향으로 균열(깨짐)이 발생한 것을 말한다.

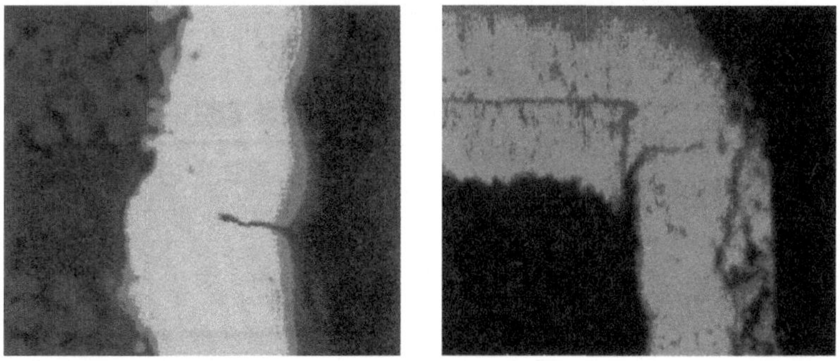

그림 1.3 도금부에 발생한 균열(Cracking) 모습

결함부위 (Defect area)

결함(단선, 쇼트, 기타불량)이 발생된 부위를 일컫는다.

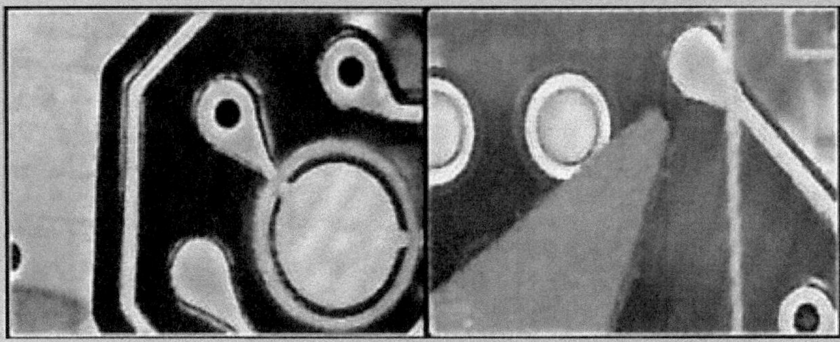

그림 1.4 결함부위표기 예

금형 (Die)

인쇄회로기판(PCB)에서 최종 제품의 기판을 도려내기 위한 도구로써 강도가 좋은 보강판으로 만들며 돌출된 금형(凸)과 함몰된 금형(凹) 한 쌍으로 이루어 진다. 인쇄회로기판(PCB)를 금형 위에 놓고 프레스 펀칭(Press punching) 하여 최종 제품을 제조한다.

그림 1.5 금형 모습

감광유제 (emulsion)

인쇄회로기판(PCB)의 회로를 형성하기 위해 주로 사용되는 은염필름[2) (Silver halide film)에 도포된 감광성 코팅막.

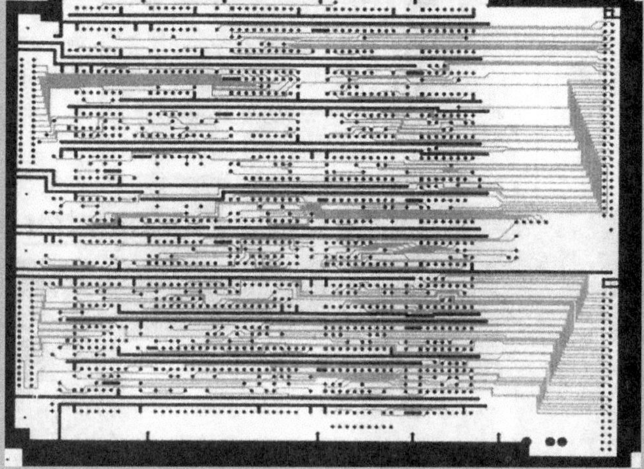

그림 1.6 감광유제 사진

기준마크 (fiducial mark)

부품실장(assembly)시 부품을 올려놓을 위치를 찾기 위해 만들어 놓은 PCB상의 인식용 기호(mark).

그림 1.7 기준마크 (fiducial mark) 보기

검사용 치구 (fixture)

베어보드테스트(B.B.T)[3]로 완제 PCB의 전기적 도통 시험시 사용되는 기구 (tool)로써 스프링 접촉 바늘(probe)을 사용하여 제작한 시험 패턴과 PCB를 고정시키기 위해 설치된 헤드(head)와 기판 착탈을 위해 필요한 고정핀(pin) 이 부착된 헤드(head)로 되어있다.

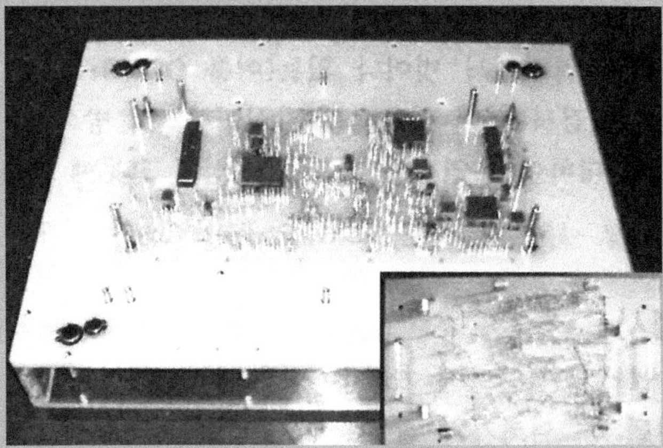

그림 1.8 검사용 치구 (fixture)

굴곡강도 (flexural strength)

굴곡 압력(stress)이나 힘(press)이 가해졌을 때 PCB가 버틸 수 있는 강도를 말하며 이 값은 적층판의 종류에 따라 다르다.

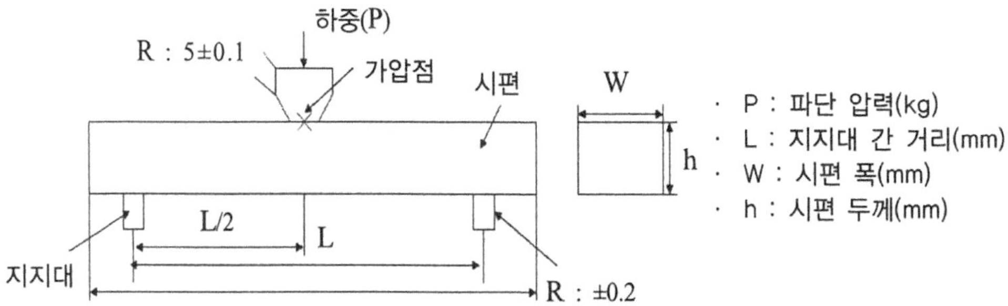

그림 1.9 굴곡 강도 시험 방법

---

2) 은염필름(Silver halide film)은 은염성분의 이멀젼면에 감광성 물질이 혼합된 PCB의 회로 및 기타 상을 형성하는 주 필름을 말한다.

3) 베어보드테스트(B.B.T)는 완제품 PCB의 전기도통시험으로 단선, 쇼트 등을 검사하는 방식을 말한다.

겔타임 (Gel time)

절연 수지(resin)에 열을 가하여 그 물리적 상태가 고체상태에서 액체로 다시 고체상대로 변화할 때까지의 초 단위 시간을 말하며, 보통 프리프레그(pre-preg) 의 특성 분석 시 사용된다. 즉, 프리프레그(pre-preg)의 수지만을 채취하여 시험기 열판 위에 올려놓음과 동시에 Stainless봉으로 좌 · 우로 잘 저어주면서 고체(Gel)에서 액체(Sol)로 되었다가 어느 시점에서 이 액체(Sol)가 다시 고체(Gel)로 되었을 때 유동성이 없어지면서 수지가 끊어지는 시간을 측정할 수 있는데 이 유동성이 없어지는 시점 즉, 고체(Gel)가 되는 시간을 겔타임(Gel time)이라 한다.

검사 (Inspection)

PCB공정상 중간 중간에서 요구사항들을 서로 비교하거나, 측정, 조사, 시험, 확인하는 공정으로 여러 가지가 있다.

예를 들면, 원재료 특히, 원판(CCL)의 이상유무를 체크하는 수입검사, 내층 회로의 이상 유 · 무를 확인하는 육안검사, 자동광학 검사(A.O.I), 외층 회로형성 후 하는 D/F현상 후 검사, 부식 후 검사, 최종 제품의 전기적 도통 검사(B.B.T), 최종 제품의 외관상 검사(최종 검사), 최종 제품의 규격 검사(출하 검사)등이 있다.

금속 베이스 기판 (metal clad base material)

Base core가 금속으로 제작된 양면 또는 단면 절연기판으로 주로 이 금속은 PCB기판상의 열을 방출할 목적으로 사용되고 알루미늄(AL)을 많이 사용한다.

그림 1.10 금속 베이스 기판 단면

금속화 (metallization)

PCB의 보호특성 및 전기적 특성을 위해 사용되는 금속막으로 주로 석출 또는 도금으로 만들어진다.

경결함 (minor defect)

PCB의 기능을 좌우하지 않는 가벼운 결함, 예를 들면 완제품의 약한 스크래치, PSR 잉크의 떨어짐 등 PCB의 기능에는 크게 문제가 되지 않는 결함을 말한다.

규격 (Spec)

사양이라고도 하며, 표준 중 주로 물건에 직접 또는 간접으로 관계되는 기술적 사항에 관하여 규정된 기준을 말한다. 여기에는 두 가지 특정 요소가 있다.
첫째, 공정치수(nominal Size), 둘째, 공차(tolerance)로 이루어진다. 즉, PCB의 어떤 홀의 치수(∅)가 공정치수이고, 이 홀∅의 공차 내에 홀∅가 들어가야 이 PCB는 규격(Spec)에 맞다고 할 수 있는 것이다.

관통 접속 (through Connection)

PCB의 양면에 있는 도체를 서로 홀을 관통하여 홀 속 도금을 하여 전기적으로 접속시킨 것을 말한다.

공차 (tolerance)

PCB의 어떤 치수에 허용되는 오차 범위를 말한다. 예를 들면, 회로 폭이 0.1mm인 경우 0.09~0.11mm인 경우 공차 ±10% 내에 들었다고 말할 수 있다.

가교 (cross linking)

화학 결합의 일종으로 선상의(2차원) 분자간의 화학 결합이 발전하여 3차원 구조의 망상 구조를 형성한 결합을 말한다.

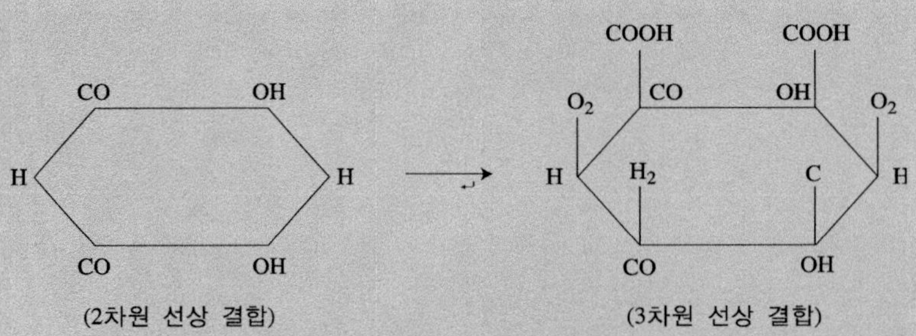

그림 1.11 가교 (cross linking)

균일 전착력 (Throwing power)

도금스루홀 (P.T.H) 내의 도금상태를 알아볼 수 있는 측정방법으로 표면 도금 두께 대비 홀속 도금두께의 비를 말한다.

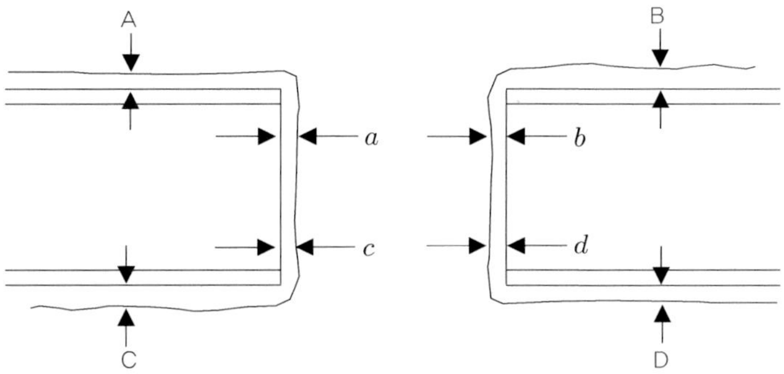

즉, $\frac{\text{홀속도금두께평균}}{\text{표면도금두께평균}} \times 100\%$ 를 균일전착력(Throwing power)이라 하며, 도금의 균일성 및 편차 등을 측정하는 방법이다.

$$\text{T.P} = \frac{\frac{a+b+c+d}{4}}{\frac{A+B+C+D}{4}} \times 100\%$$

그림 1.12 균일 전착력(Throwing power) 측정방법

기호식자인쇄 (Symbol mark printing)

고객의 요구 또는 자료를 공급했을 때, 업체명(Logo), 최종제품 코드(code), 부품번호 (part number)나 부품위치(좌표), 부품의 종류, 정격용량 등을 PCB상에 불변성잉크로 인쇄하는 공정을 말한다.

그림 1.13 기호식자인쇄모습

1.2 나균 용어

날짜 코드 (Date Code)

PCB기판이 제조된 날짜를 알려주는 일련의 번호.
일반적으로 동도금 공정을 통과한 시점을 많이 사용한다.

노광(exposure)

PCB 제조공정 중에서 드라이필름(D/F)으로 회로를 형성하거나 감광성 솔더레지스트(PSR)으로 부품실장 홀 및 패드(pad)를 형성할 경우 아트웍크 필름(A/W film)의 투명한 부분을 자외선(u.v)이 통과하여 광 중합 반응이 일어나게 하는 공정을 말한다.

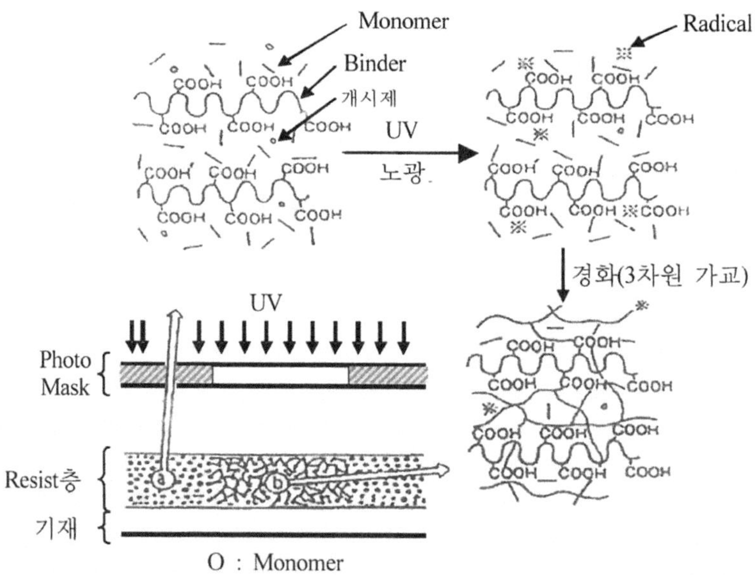

그림 1.14 노광의 원리도

난연성 (flame retardant)

기자재에 외부에서 인위적으로 발화시키고 나서 일정시간 지나서 스스로 불이 꺼지는 성질. 즉, 기자재에 불이 붙지 않는 성질을 일컫는다.
UL94 에서 요구하는 규격으로 일반적으로 V-0등급 (grade)을 요구한다.

내층 (Inner layer)

다층 PCB의 내부에 들어가는 기판으로 상호전송용 신호(signal) 회로 층과 전원공급용 power층 및 전원 접지용 그라운드(ground) 층 등으로 나뉜다.

니조인트 (Knee joint)

홀 속 도금(P.T.H) 후 홀속 P.T.H 와 원동박(Base Cu)이 만나는 부위를 말한다.

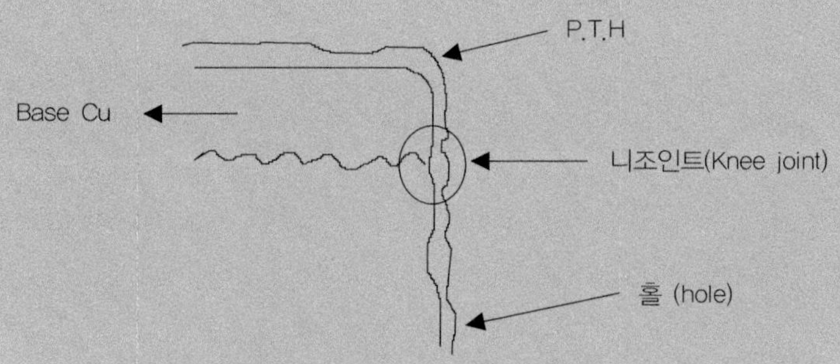

그림 1.15 니 조인트 (Knee joint) 모습

네거티브 패턴 (negative pattern)

필름(film)에서 도체가 될 부분이 투명한 패턴을 말한다. 반대로 도체가 될 부분이 검은 패턴을 포지티브 패턴 (positive pattern) 이라고 한다.

네일 헤드 (nail head)

다층 PCB에서 내층회로의 드릴링 홀 부분에 발생한 못 대가리 형태의 내층의 버 (Burr)를 말한다. 이것은 드릴 Bit 불량 또는 드릴 조건 불량에 의해 발생한다.

그림 1.16 nail head 모습

넌 웻팅 (Non-wetting)

PCB의 홀 및 단자에 솔더(solder)를 코팅하였더니 부분적으로 코팅이 안되어 동(Cu)이 노출된 상태를 일컫는다.

그림 1.17 넌 웻팅 (Non-wetting) 모습

납땜면 (Solder Side)

PCB의 부품 면의 반대 면으로 각 부품의 납땜이 되는 면을 말한다.

납땜성 (Solderability)

땜납이 금속 표면을 잘 덮을 수 있는 능력을 일컫는다.

1.3 다군 용어

단락시험 (Bare Board Testing)

최종 완제품 PCB의 전도성, 저항치 등으로 회로 및 홀 속의 단선(open) 및 쇼트(short)를 검사하는 것으로 보통 간략히 B.B.T 라고 한다.

동박적층판 (Copper Clad Laminate)

PCB를 제조하기 위한 원재료로서 종이(paper) 또는 유리(glass)등의 보강기재에 수지(resin)를 함침한 프리프레그(pre-preg)를 여러장 (7~8 ply) 쌓고 가열, 가압하여 얻어진 절연판 위에 전기전도도가 뛰어난 동박(Copper foil)을 한쪽 면 또는 양쪽 면에 접착하여 만든 원자재로 간략히 CCL이라고 한다.

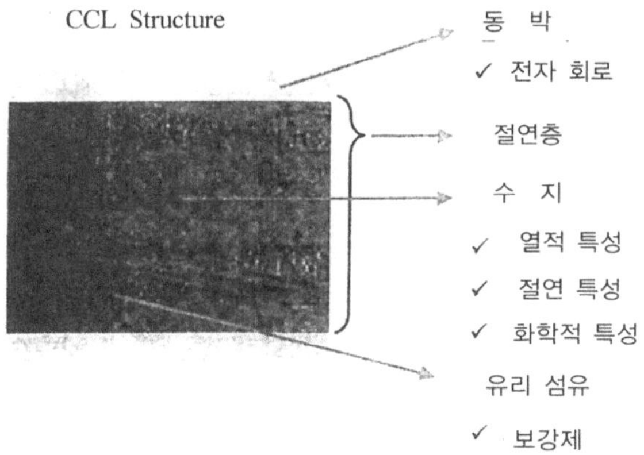

그림 1.18 동박적층판 (Copper Clad Laminate)

도체패턴 (Conductive pattern)

PCB에서 전류가 흐를 수 있는 도전성 재료가 형성된 부분을 말하며 보통 회로라고 한다.

도체 (Conductor)

PCB의 도체회로에 있는 도전성 금속을 말하며 동(Cu), 니켈(Ni), 금(Au), 주석(Sn), 은(Ag) 등 여러 가지 금속이 사용된다.

도체간격 (Conductor Spacing)

도체회로 인접 모서리 사이의 간격을 말한다. 회로간격이라고도 한다.

도체폭 (Conductor width)

도체 회로의 폭을 말하며, 회로폭이라고도 한다.

그림 1.19 도체폭/간격

동박 회로 균형도 (Copper balance)

PCB표면에서의 회로밀집도의 균형비를 말하며 초기 회로 설계시 PCB의 앞 · 뒤 면의 균형비(balance)를 잘 잡아서 해주어야 한다. 이 회로 균형도가 나쁘면 패턴전기도금 시 도금두께 편차가 심하게 발생될 수 있다.

동박 (Copper foil)

PCB의 도체로 사용되는 동박으로 전해동박과 압연동박으로 나뉘어지고 중량 또는 두께단위로 구분한다. 보통 1온스(oz)는 두께가 35마이크로미터(μm)라 하며, 다양한 두께의 동박이 시판되고 있다. 1온스(oz)는 28.35g/ft^2을 말한다.

동 도통홀 (Copper plated through hole)

동(Cu)으로 홀 속에 도금이 되어 전기적으로 도통이 된 홀을 말한다,

도포층 (Cover lay)

PCB의 도체 회로 위에 도포되는 절연물질을 통 털어서 도포층이라 한다.

디라미네이션 (Delamination)

기자재의 층간 또는 동박사이에 발생하는 분리(박리) 현상을 일컫는다.

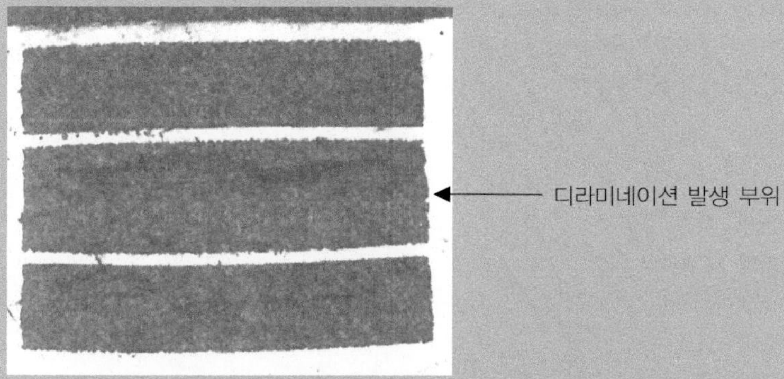

그림 1.20 디라미네이션 (Delamination) 모습

덴트 (Dent)

PCB기판의 동박과 수지가 동시에 눌린 표면 불량을 말한다.

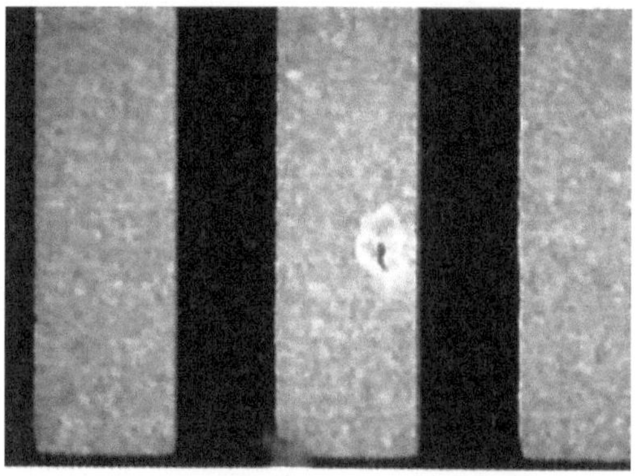

그림 1.21 덴트 (Dent) 모습

디 웻팅 (Dewetting)

PCB의 홀 및 단자에 솔더(Solder)가 코팅되었지만 균일 도포가 안되고 불균일하게 도포되어 (쭈글쭈글하게) 있는 상태를 말한다.

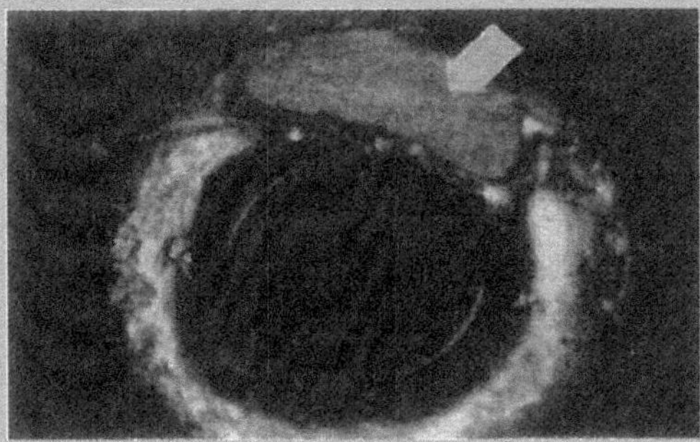

그림 1.22 디 웻팅 (Dewetting) 모습

드라이필름 (Dry film)

감광성 고분자 필름으로 PCB 및 반도체에서 회로형성시 사용되며 일반적으로 3층 구조로 되어 있고, 용도에 따라 도금용, 부식용으로 나누어지고, 두께도 다양하다.

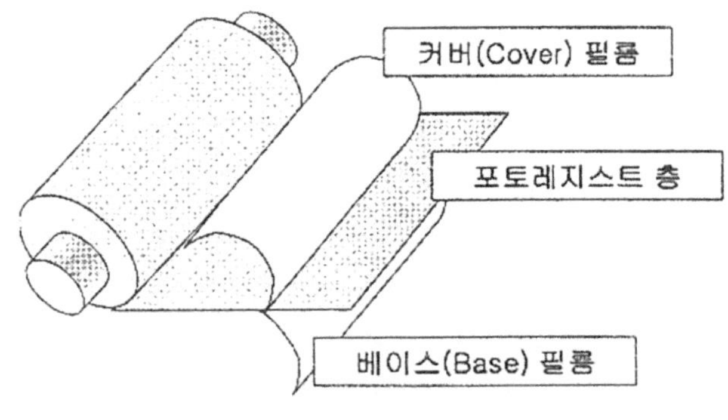

그림 1.23 드라이필름 (Dry film)

디아조 필름 (Diazo film)

PCB 제조시 사용되는 아트웍크(Art work) 필름 중에 하나로 자외선(u.v)에 둔감하여 명실에서 윈도필름을 카피(copy)하여 제작이 되므로 작업이 쉽고 사용이 간편하다. 일반적으로 은염필름(Silver halide film) 보다 정밀도와 미세회로 제작은 어렵고, 스크래치에 강하여 소량, simple한 PCB 제조시 사용된다.

딥 솔더링 (Dip Soldering)

완제품 PCB의 노출된 도체회로 전부를 용융 솔더(Solder)표면에 담가서 납땜 작업하는 방식을 말한다.

드릴 비트(Drill bit)

텅스텐(W)과 코발트(Co)의 초경합금을 탄화처리하여 만든 홀 가공용 공구(tool)로 홀∅별, 가공물의 종류, 가공방식에 따라 다양하게 나뉘어진다.

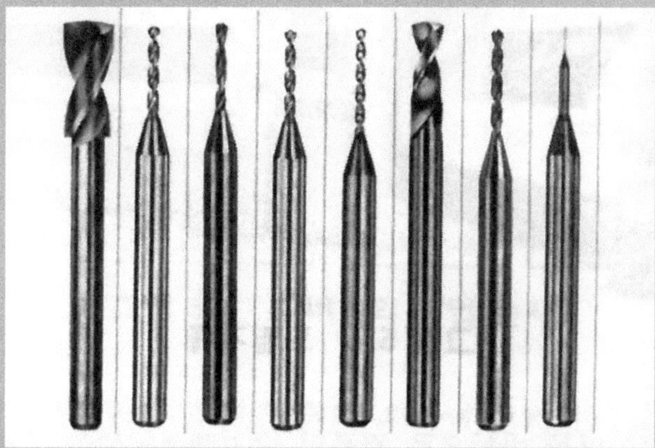

그림 1.24 드릴 비트 (Drill bit) 모습

단자 (finger tab)

보통 Tap이라고 하며 PCB를 다른 커넥터(Connector)에 연결하기 위해 PCB외곽에 손가락 모양의 단자로 주로 단자금도금 처리를 한다.

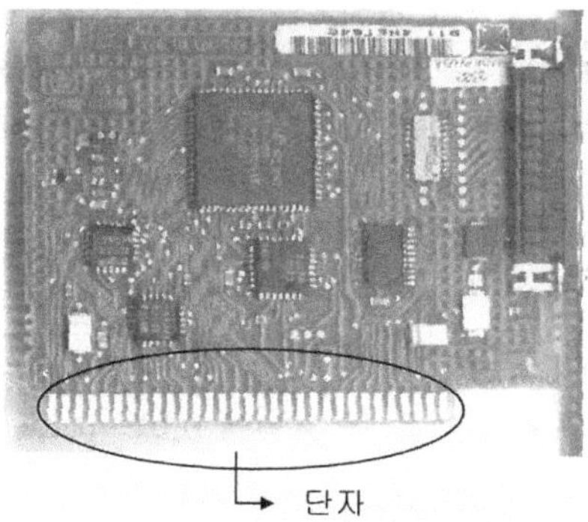

그림 1.25 단자 (finger tab) 의 모습

도체 층간 두께 (Layer-to-Layer Spacing)

다층인쇄회로기판 (MLB) 에서 인접한 도체층간의 절연층 두께.

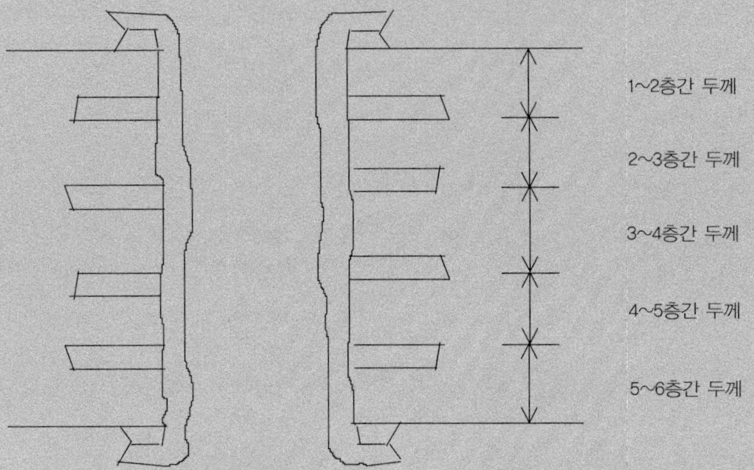

그림 1.26 6층 다층기판의 도체층간 두께

다층인쇄회로기판 (Multi Layer Printed Circuit board)

일반적으로 도체 회로층이 3층 이상의 PCB를 말하며, 내층과 외층으로 구분된다.

돌기 (Nodule)

도금 후 PCB 표면 또는 홀 속에 발생한 금속 돌출물을 말한다.

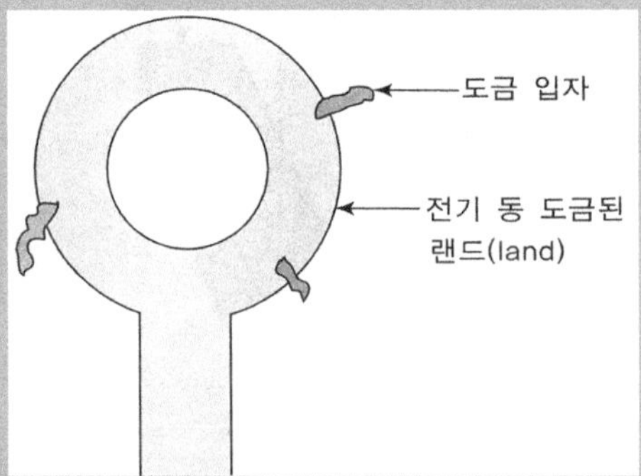

그림 1.27 금속돌기 (Nodule) 모습.

도금스루홀 (Plated through hole)

PCB의 내·외층간의 도통 접속을 위해 홀(hole) 내벽에 도금하여 전기적으로 접속 관통 시킨 홀을 말하며 일반적으로 P.T.H (무전해동도금) 라고도 한다.

도금면적 (Plating area)

PCB 판넬에서 실제 회로의 면적으로, 설계시 CAD 장비에서 Cu면적을 계산해 주는 프로그램에서 얻을 수 있다. 이것은 도금면적 계산기 등으로 측정한다.

도금인입선 (Plating bar)

전기도금시 기판의 외곽 가장자리에 위치하여 전류가 이 선을 통해 기판에 전달된다.

그림 1.28 도금인입선 (Plating bar) 모습

도금조 (Plating bath)

PCB 도금 약품이 담겨져 있는 탱크(tank)를 통털어 말한다.

도금 방지막 (Plating resist)

PCB의 회로 및 홀 속 이외의 부분은 도금이 안되도록 하는 방지막으로 보통 잉크(ink) 또는 드라이필름(D/F) 이 사용된다.

도금 보이드 (Plating Void)

도금이 되어야 할 부위에 도금이 않되어 구멍처럼 보이는 부위를 일컫는다.

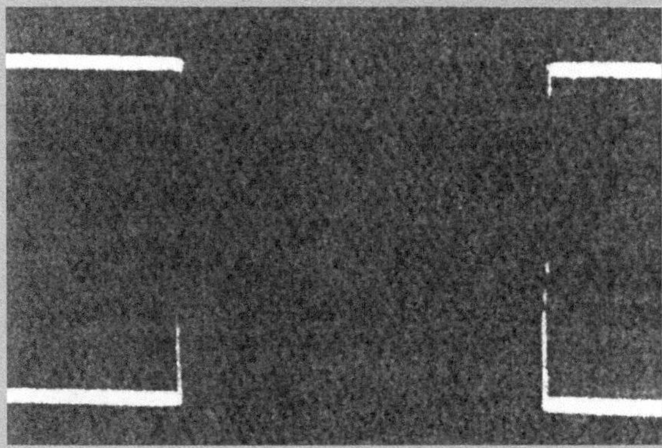

그림 1.29 도금 보이드(Plating Void) 모습

도포방지막 (resist)

전기도금, 부식, 솔더링 등의 처리에서 이들에게서 보호해주는 도포재의 총칭.
예를 들어 PCB의 D/F, ink, 솔다도금 등을 들 수 있다.

단면기판 (Single side board)

한쪽 면에만 회로가 형성되어 있는 PCB를 일컫는다.

땜납도포 (Solder Coat)

CB의 finish[4]처리의 일종으로 납을 코팅해주는 것을 말하며 납이 잘 코팅된 것을 wetting, 균일하게 코팅이 안 된 것을 디웻팅(Dewetting), Base Cu가 보일 정도로 불완전하게 코팅된 넌웻팅(Non wetting) 으로 나뉜다.

땜납 방지막(Solder resist)

PCB의 부품이 납땜되지 말아야 할 부위에 도포되어 회로를 보호하며 납땜을 방지하는 도포 잉크(ink)를 말한다.

4) finish 처리는 최종 완제 PCB에 부품실장시 납땜(soldering)이 잘 되도록 하는 표면처리의 일종이다.

1.4 라군 용어

랜드 (Land)

PCB 도체회로의 일부분으로 부품의 부착 또는 연결 시 도와주는 역할을 하며 홀 주위를 감싸고 있는 부분을 일컫는다.

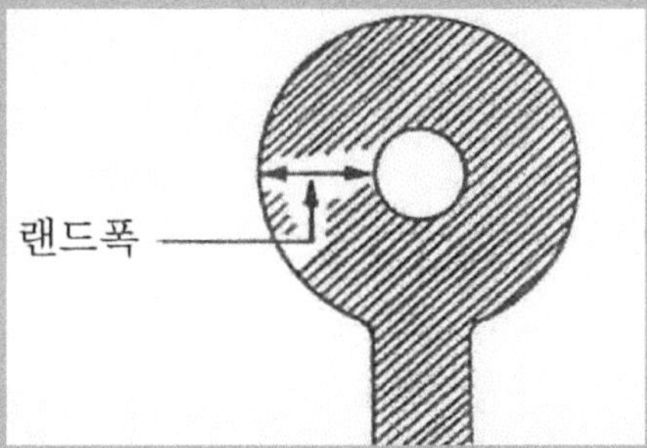

그림 1.30 랜드 (Land) 모습

레이져 비아 (Laser Via)

레이져(Laser)에 의해 가공된 via홀을 총칭하며, CO_2, uv, Yag Laser가 있다. 일반적으로 Build-up 기판의 마이크로 비아 (micro via)를 가공할 때 주로 사용된다.

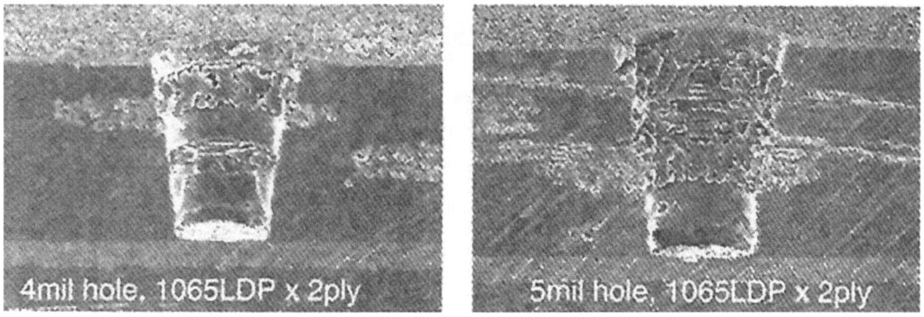

그림 1.31 레이져 비아 (Laser Via) 모습

리드프리 (Lead free)

유럽의 환경 규제로서 2006년 이후부터 PCB에서 Solder(SnPb)의 납 (Pb)을 사용하지 못하도록 규제하여 Pb (lead) free 대체품들이 나오고 있다.

리드돌출 (Lead projection)

PCB에 부품이 탑재되었을 때 땜납면 (Solder면) 으로 부품의 리드선이 돌출되어 나온 길이를 말한다.

레전드 (Legend)

PCB에 부품 조립, 수리시 편리하게 해주는 식별기호, 특정치, 부품의 위치, 번호, 방향 등을 명기한 것을 말하며, 흔히 마킹(Marking) 이라고도 한다.

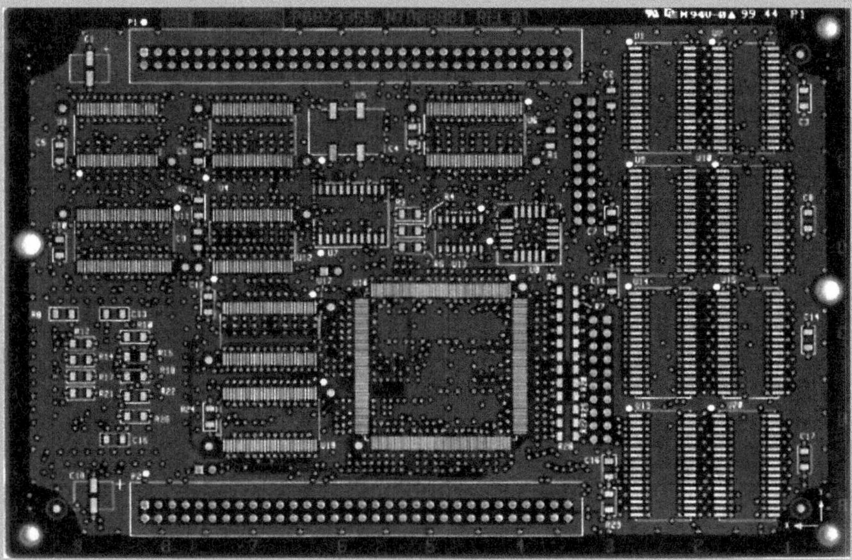

그림 1.32 레전드 (Legend) 모습

리액턴스 (reactance)

회로상에서 인덕턴스(inductance ; 코일에서 발생하는 저항)나 캐패시턴스 (capacitance ; 콘덴서에 발생하는 저항) 에 의해 교류 전류의 흐름을 방해하는 전류상 현상을 말한다.

리플로우 (reflow)

PCB상의 솔더(Solder)를 용융시키는 공정을 말한다.

리플로우 솔더링 (reflow Soldering)

PCB의 SMC[5] 부품을 납땜할 때 미리 PCB의 SMD위에 솔더페이스트[6] (Solder paste)를 인쇄하여 열을 가해 용융시켜 솔더링하는 것을 말한다.

레진리세션 (resin recession)

PCB의 홀 속에서 무전해동도금 (P.T.H) 층과 홀 내벽이 열충격에 의해 수지(resin)이 함몰되어 기공이 생긴 것처럼 보이는 불량을 말한다.

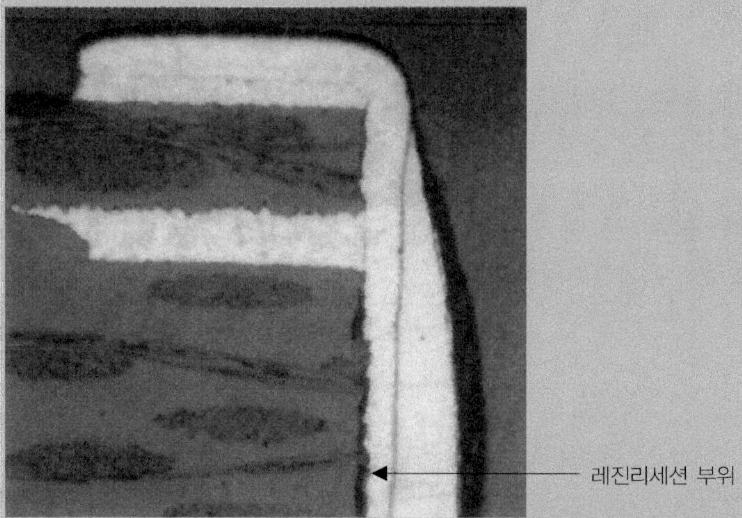

그림 1.33 레진리세션 (resin recession) 모습

---

5) SMC(Surface mount component)의 약자로 PCB 표면에 실장되는 부품을 말한다.

6) 솔더페이스트란 솔더를 인쇄하기 쉽게 ink화하여 나온 제품으로 크림솔더라고도 한다.

레진스미어 (resin smear)

다층 PCB의 홀 드릴 작업시 드릴 비트(Bit)의 과도한 열에 의해 절연체가 탄화되어 홀 벽에 들러붙어 있는 탄화 수지를 말한다.

그림 1.34 레진스미어 (resin smear) 모습

로드맵 (road map)

어떤 기술적 항목을 시간에 의해 표기하여 개발 목표를 설정한 표를 말한다.

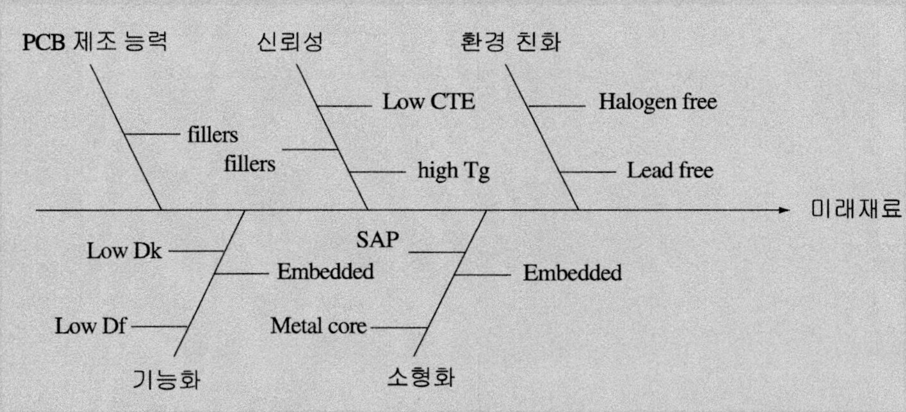

그림 1.35 로드맵 (road map) 의 예

라우팅 (routing)

최종 PCB의 외형 모양 및 치수 등을 라우팅 비트(Bit)를 사용하여 규격대로 잘라내는 작업을 말한다.

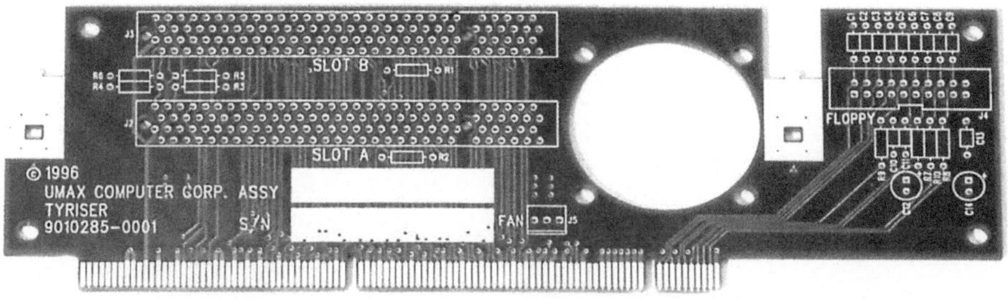

그림 1.36 라우팅 (routing) 된 PCB 모습

링클 (wrinkle)

PCB의 솔더레지스트(Solder resist)나 동박(Copper foil) 등이 열을 받거나 또는 다층 기판 적층시 주름이 생기는 현상을 말한다.

1.5 마군 용어

면취 (Bevelling)

동박적층판을 재단(Shearing)[7]하고 나면 재단면이 거칠고 부스러기가 발생되어 이것들이 2차적인 불량의 원인이 되므로 이 거친면을 매끄럽게 라운드 형태로 갈아내는 작업이 필요한데 이 작업을 면취(Bevelling)라고 하며, 동박적층판(CCL) 면취 및 최종 완제 PCB의 단자 커넥터(connector)도 해줌으로써 용이한 탈착을 가능토록 한다.

그림 1.37 면취된 CCL 및 커넥터 부위 모습

무전해 도금 (electroless plating)

전기를 사용하지 않고 화학적 촉매반응에 의해 금속을 석출시키는 도금법을 말한다.

마킹(Marking)

PCB의 부품번호, 부품위치, 기호, 식자 등의 표기를 통틀어서 일컫는다.
레전드(Legend)와 같은 뜻이다.

매스라미네이션 (mass Lamination)

CCL제조 회사에서 대형사이즈로 적층하여 생산하는 방식을 말하며, 근래에는 다층 PCB 적층만을 전문으로 하는 회사들이 많은데 보통 매스램 회사라고도 한다.

---

7) 제단(shearing)이란 원판(CCL)을 회사규격에 맞게 자르는 공정을 말한다.

마스터 보드 (master Board)

PCB 홀 가공 (CNC Drilling)후 홀 가공 정밀도를 확인할 목적으로 가공된 기판을 말하며, 드릴 양품이라고 보면 된다.

마스터 필름 (master film)

CAD[8]에서 설계된 원도면 필름을 말한다.

머티어리얼 (material)

기자재 (Base material)로써 CCL (동박적층판)을 일컫는다.

미즐링 (measling)

PCB기판 내부의 유리섬유 직교 교차점에서 수지(resin)가 빠져나와 분리되면서 발생하는데 보통 십자모양으로 나타나고, 외부의 열충격 및 기계적 충격으로 더욱 심해진다.

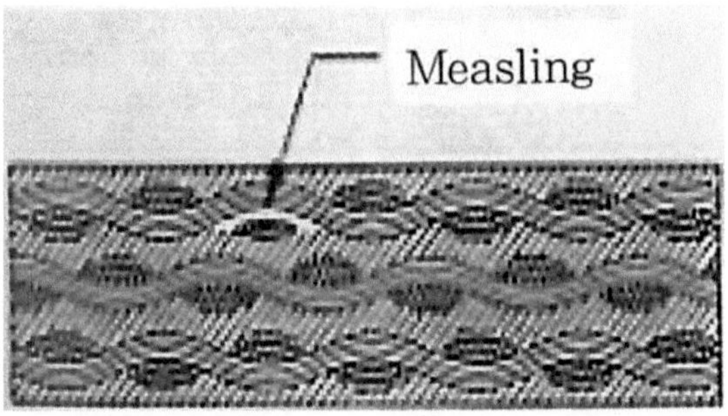

그림 1.38 미즐링 (measling) 모습

메탈코아 기판 (metal core PCB)

PCB의 core를 인바(Invar ; 철 64, 니켈 36 비율의 합금), 알루미늄(Al) 등을 사용하여 열방출을 용이하게 만든 특수 PCB를 말한다.

8) CAD(Computer aided design)의 약자로 컴퓨터를 이용한 PCB 설계를 말한다.

메모리 모듈 기판 (memory module PCB)

PC 또는 Work Station 등에 메모리 지원 기능을 하도록 메모리 반도체 IC를 한 PCB에 여러 개 고밀도 실장하여 메모리 용량을 키운 PCB를 말한다.

그림 1.39 메모리 모듈 기판 (memory module PCB)

마이크로섹션 (micro section)

PCB의 분석방법 중 하나로 PCB시편을 파괴하여 만들어 크로스(Cross) 커팅(Cutting) 하여, 시편연마(Grinding), 몰딩(molding), 순차적인 사포 연마(Grinding), 부식(etching) 등의 순서로 시편을 관찰하기 편하게 만들어서, 이 시편을 금속 현미경을 통해서 홀 속 도금 상태, 드릴 상태, 적층 상태 및 회로의 도금 두께, 결함부위, 회로 폭, 간격 등 PCB의 전반적인 품질 분석이 가능하다. 이 시편을 만드는 전 단계를 말하며 Cross Section (X-Section) 이라고도 한다.

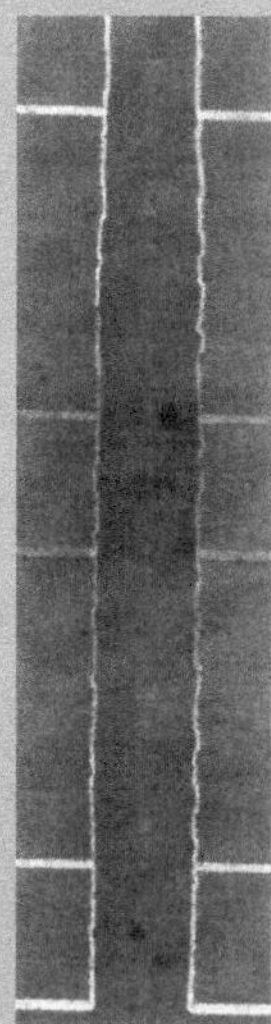

그림 1.40 마이크로섹션 (micro section) 한 홀 속 모습

마이크로 비아홀 (Micro Via hole)

일반적으로 레이져 또는 photo 방식에 의한 ∅0.15mm이하의 작은 홀을 일컫는데 요즘은 mechanical 드릴로도 가공이 가능하다.

마이크로 스트립 라인 (Micro Strip Line)

PCB의 신호전달회로 중 하나로 양면 기판에서 보면 절연층 위·아래에 회로 및 그라운드(Ground)층의 도체 회로들로 구성된 회로를 말한다.

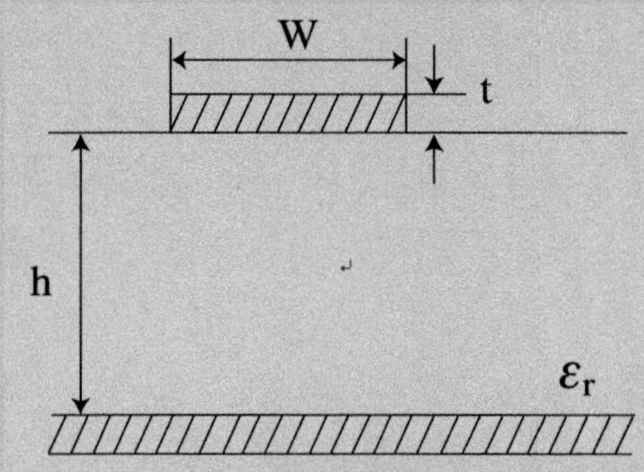

$$Z_0 \fallingdotseq \frac{87}{\sqrt{\epsilon_r + 1.41}} \ln \frac{5.98h}{(0.8w + t)}$$

ϵ_r : 유전율

h : 절연체 두께

w : 회로폭

t : 회로두께(도체두께) 및

특성임피던스 계산식

그림 1.41 마이크로 스트립 라인 (Micro Strip Line)

마이그레이션 (Migration)

절연층 위의 금속 {은 (Ag), 동 (Cu) 등} 이 습한 환경 상태에서 전기 전위차에 의해서 금속 이온 전이하여 다른 금속 등으로 이동하여 재 석출 성장하는 현상을 말한다. 실버스루홀(S.T.H) 기판에서 잦은 불량을 야기시킨다.

마더보드 (mother Board)

PC용 PCB로 일컫기도 하고 작은 daughter Card Board를 끼우는 대형 PCB를 가리키기도 한다.

마운팅 홀 (mounting hole)

기구에 PCB를 기계적으로 탑재하기 위해 사용되는 기구의 홀 또는 PCB에 있는 홀을 일컫는다.

마우스 바이트 (mouse bite)

PCB의 회로에 쥐가 물어뜯은 것 같은 모양의 원추형의 회로 함몰 불량의 하나로 보통 "피트 (pit)" 라고도 한다.

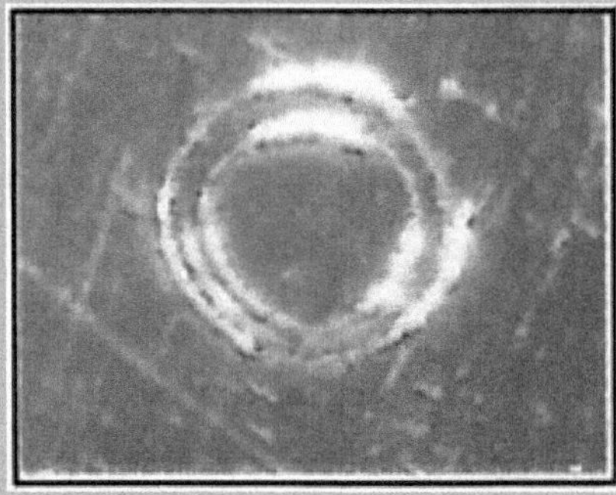

그림 1.42 마우스 바이트 (mouse bite) 모습

멀티 패턴 (multi pattern)

한 판넬(panel) 기판에 두 장 이상의 패턴이 배열된 것을 말한다.

1.6 바균 용어

베어칩 (Bare chip)

PCB에 실장(Packing)이 되기 전 상태의 실리콘칩(Silicon chip)등을 일컫는다.

바렐크랙 (Barrel Crack)

도금된 PCB의 도통홀 내벽에서 외부의 열적/기계적 충격에 의해서 홀 벽의 도금층에 균열이 발생하여 끊어진 현상을 말한다.

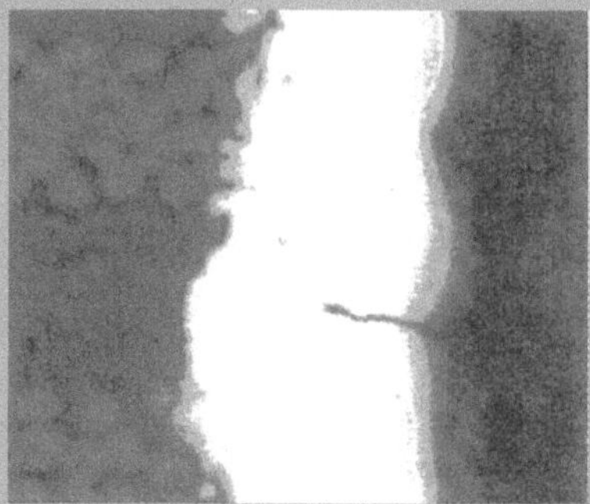

그림 1.43 홀 내벽 바렐크랙 (Barrel Crack) 모습

비중계 (Baume)

액체의 비중을 측정하는 눈금이 새겨진 유리막대로 보통 측정하려는 액체 속에 담그면 들어갔다가 나와 액체 중에 뜬다.

이때, 액체와 만나는 경계면 수치가 이 액체의 비중을 나타내며 보통 몇도 (보메) 라고 읽는다.

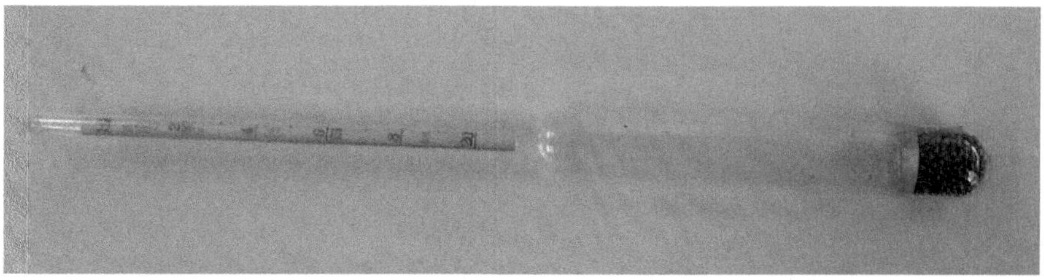

그림 1.44 비중계 (Baume) 모습

번짐 (Bleeding)

PCB의 각종 잉크가 인쇄 후 여러 원인에 의해 번진 현상을 말한다.

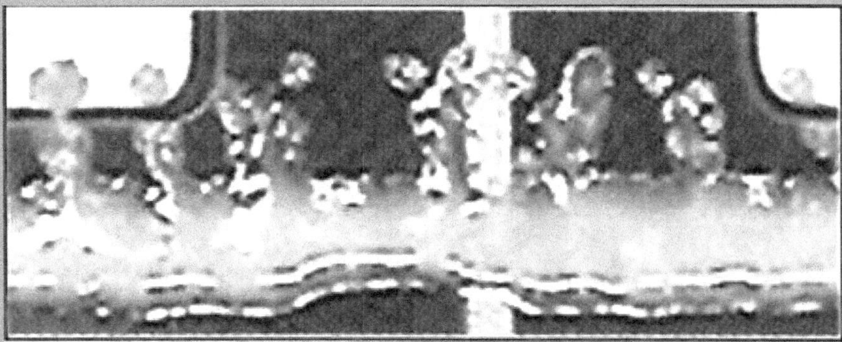

그림 45 잉크 번짐 (Bleeding) 모습

부풀음 (Blister)

PCB에서 부풀음은 여러 공정에서 사용되는데 그 개념은 서로 붙어있어야 하는 부위가 들떠있는 현상을 통털어서 일컫는다.

적층 보드에서는 내층과 프리프레그가 들떠있다든가, 프리프레그끼리 들떠있다든가, 기판에서는 D/F resist가 동 표면에서 들떠있다든가, S/R가 회로위에서 들떠있다든가, 홀 속 도금에서는 어떤 원인에 의해 도금이 들떠있다든가 이 모든 현상을 부풀음 (Blister)이라고 한다.

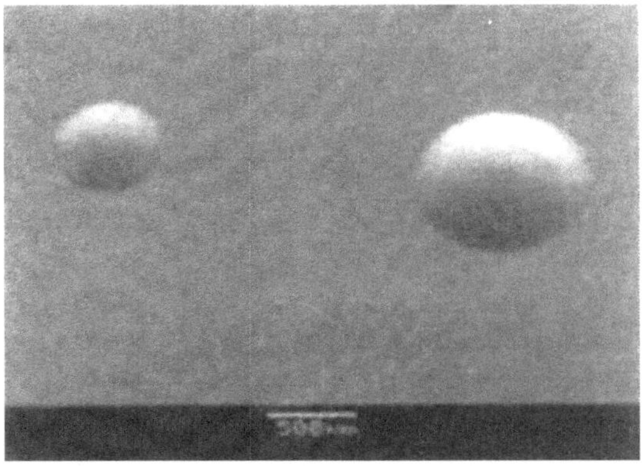

그림 1.46 부풀음 (Blister) 의 모습들

블로우홀 (Blow hole)

PCB의 PTH에 부품을 넣어 솔더링(soldering) 할때에 홀속의 여러 결함 (홀속 void, 홀속 roughness, 도금 두께 미달 등) 에 의해 홀속에서 남아있던 습기에 의해 열 충격을 받아 순간적으로 개스(gas)화 되면서 홀 속에서 기공(void)을 생성하거나 홀 밖으로 솔다를 뚫고 나오면서 구멍을 생성시키는 현상을 말한다.

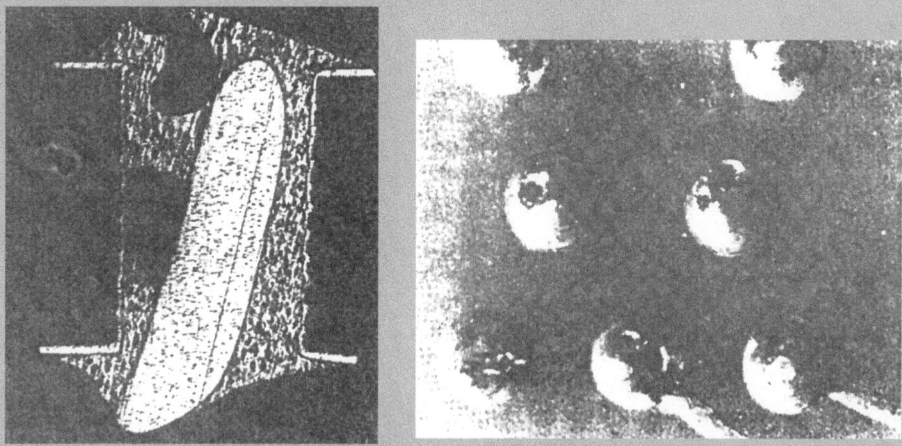

그림 1.47 블로우홀 (Blow hole) 모습

본딩시트 (Bonding Sheet)

다층 PCB를 적층할때 각 층간의 접착제로서 보통 Pre-preg를 지칭한다.

브릿징 (Bridging)

PCB의 회로사이에 도전체로 연결된 상태로 전기적인 쇼트(Short)를 야기한다.

반경화수지 (B-stage resin)

고체도 액체도 아닌 반 경화 상태의 수지로 통상적으로 Pre-preg의 상태를 말한다.

빌드업 공정 (Build up process)

일반 적층 공법이 아닌 양면 PCB 상태에서 필요 층만큼 절연층을 쌓고 via hole Laser가공, 홀 도금, 회로 형성을 하고 ,또 그 위에 다시 반복하여 다층 PCB를 제조하는 공법을 말한다.

범프 (Bump)

Package PCB에서 main기판 또는 Package기판의 표면실장기구(SMD) 위의 솔더링면의 솔더 또는 금을 볼록하게 볼 모양으로 형성시키는 처리를 말한다.

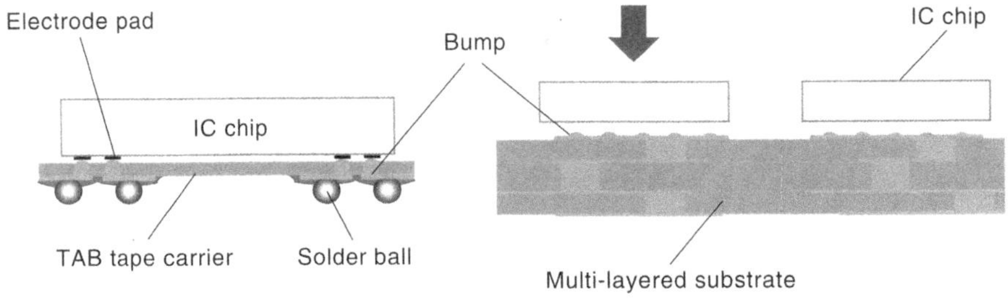

그림 1.48 범프(Bump) 된 모습

베리드비아 (Buried Via)

IVH (Interstitial via hole)[9] PCB에서 내층 자체 또는 내층과 내층을 연결하는 PCB내에 매립된 홀로 외부에서 보이지 않는 홀을 말한다.

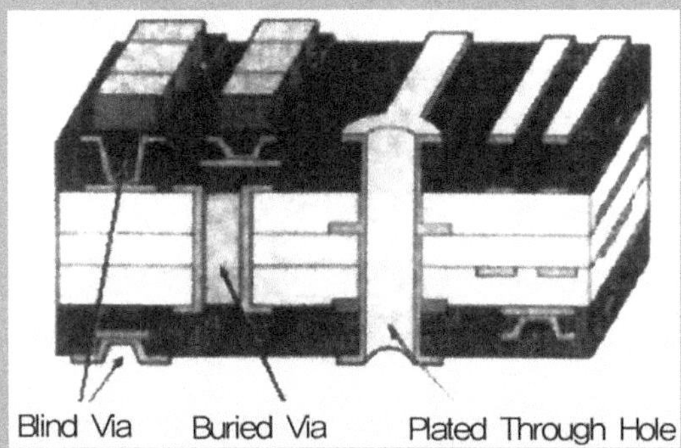

그림 1.49 베리드비아 (Buried Via) 의 모습

부품홀 (Component hole)

PCB의 홀 중에서 도통이 되면서 부품이 삽입되는 홀을 말한다.

9) IVH (Interstitial via hole) PCB란 홀이 필요층까지만 연결된 홀, 여기에는 브라인드 비아(Blind Via)와 베리드 비아(Buried Via)의 두 종류의 홀이 있고 이러한 홀을 갖고 있는 PCB를 일컫는다.

부품실장기 (Component insertion equipment)

PCB상에 홀 또는 표면실장기구에 부품을 실장하는 장비를 말한다.

부품리드 (Component lead)

PCB에 연결하기 위해 부품에서 뻗어 나온 실장용 리드선을 말한다,

부품면 (Component side)

CPCB의 양면 중에 부품이 홀 또는 표면에 실장되는 면을 말한다,
반대로 Soldering 되는 반대면을 솔더면(Solder side) 이라 한다.

불량 (Defect)

PCB의 특성/품질 등이 정상 허용 특성치에서 벗어난 것을 말하나 정도에 따라 중 결함(Major defect), 경 결함(minor defect) 등으로 분류한다.

버제거 (Deburring)

PCB 홀가공(Drilling) 후 발생한 버(Burr)를 제거함과 동시에 동 표면의 이물질, 산화 등을 제거함과 동시에 동 표면에 거칠기(roughness)를 형성하는 표면처리를 말한다.
일반적으로 디버링(Deburring)머신은 디버링 후 절삭부스러기를 완벽히 제거하기 위해 고압수세(high pressure rinse)로 후속 처리가 된다.

변색 (Discoloration)

PCB의 색(color)이 열, 빛 또는 약품에 의해서 색깔이 달라지는 현상을 말한다. CCL의 절연체, 솔더레지스트(Solder resist), 마킹잉크(Marking ink), 최종(finish)처리 후 금속의 변색 등이 모두 이 부류에 속한다.

부식 (etching)

PCB의 필요 금속 (동 회로 및 홀)을 제외한 금속을 화학 약품으로 제거하여 중간회로를 형성시키는 작업 또는 공정을 말하며 주로 산 type의 염화동, 염화철, 염소산소다, 알카리 type의 염화암모니아 등이 있다.

방열판 (heat Sink plane)

PCB기판 표면 또는 내층에서 열에 민감한 부품들로부터 열을 제거해 주는 금속판을 말한다.

보호막 (mask)

PCB제조 공정에서 도체 회로를 보호하고, 회로간 격리해주는 용도의 도포막을 말하며 rigid PCB에서는 솔더레지스트(Solder resist), flexible PCB에서는 커버레이(Cover Lay) 등이 그 역할을 한다.

벗김 강도 (Peel Strength)

PCB의 절연체로부터 도체(동)회로를 벗겨내기 위해 도체의 단위 Cm폭 당 가해진 힘을 말한다. 즉, 인장 박리 강도라고도 한다. 보통 1Kgf/Cm 이상이어야 정상이라고 할 수 있다.

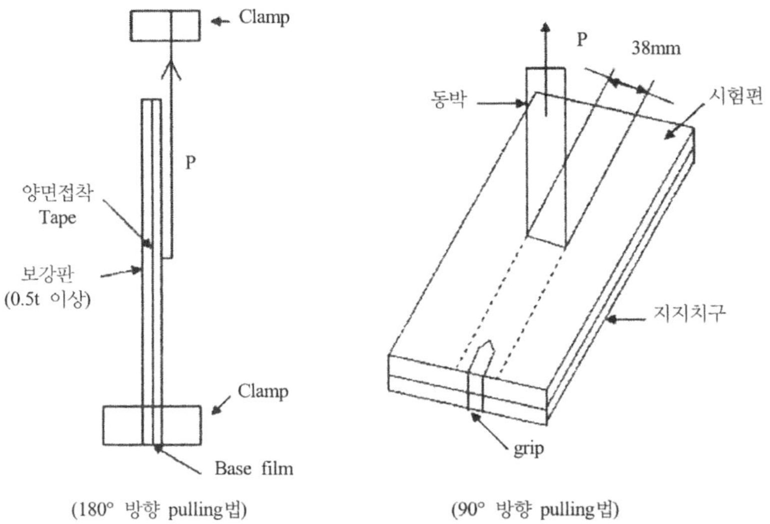

그림 1.50 동박의 인장 박리 강도 측정도

불변잉크 (permanent mask)

PCB의 가공 공정 처리 후에도 벗겨지지 않고 영구히 남아있는 대표적인 ink류로 솔더레지스트, 마킹 잉크 등이 있다.

보관수명 (shelf life)

P자재 및 약품 등의 유효 보존 기간으로 Dry film, pre-preg, ink, 각종 약품 등의 사용할 수 있는 보존기간을 말한다.

보통 냉·암소 또는 항온항습 조건에서 보관하며, 기간을 넘기면 물성, 특성 등의 변화로 사용할 수 없게 된다.

박리 (Strip)

PCB 제조 공정에서 사용되는 각종 코팅제들을 어떤 약품으로 벗겨내는 공정을 말한다.

대표적인 박리공정으로 D/F박리, ink 박리, 솔더 박리, 랙크 박리 등이 있다.

반도체 기판 (Substrate)

Package용 PCB로 반도체 칩(Chip)이 실장되는 얇은 기판으로 BGA, CSP, COB 등이 있다.

DIP

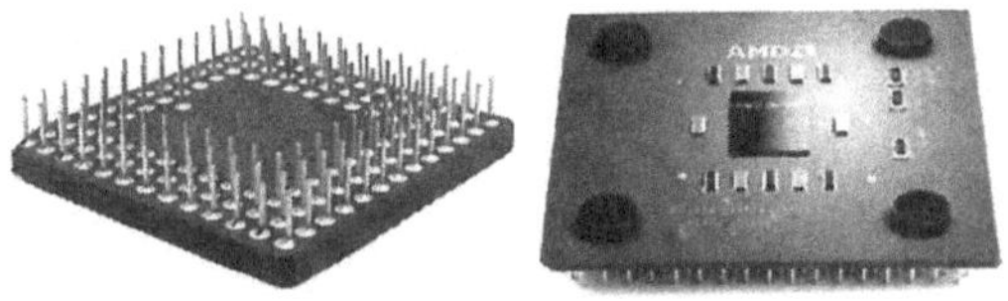

PGA

QFP

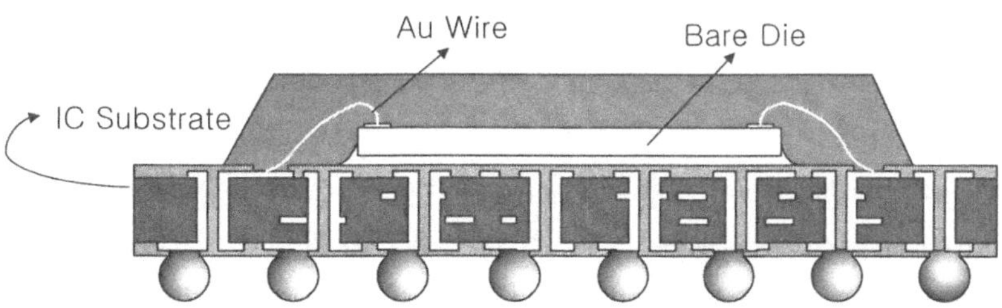

PBGA 단면구조

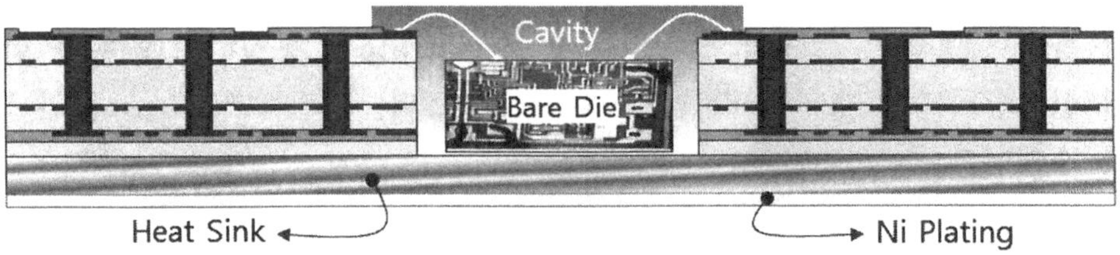

EBGA 단면구조

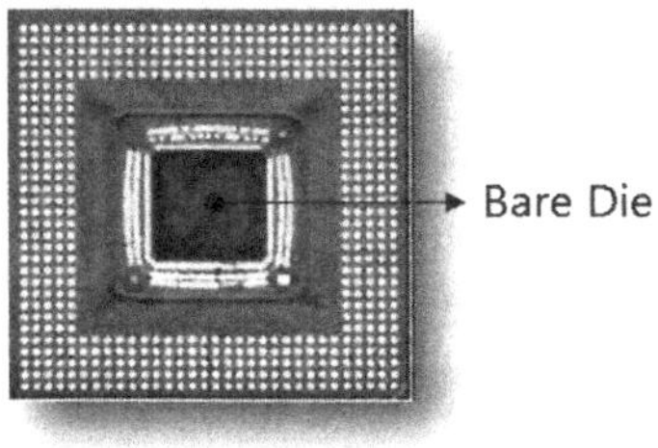

EBGA 제품

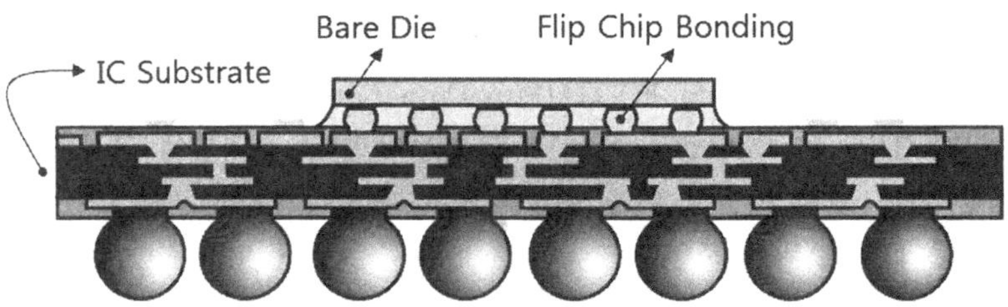

FCBGA 단면구조

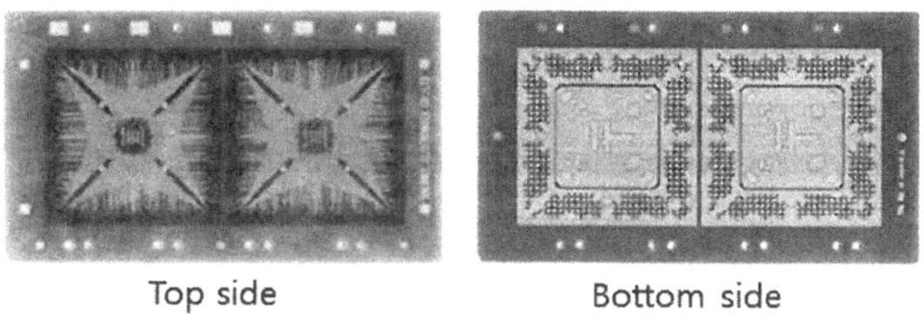

FCBGA 제품

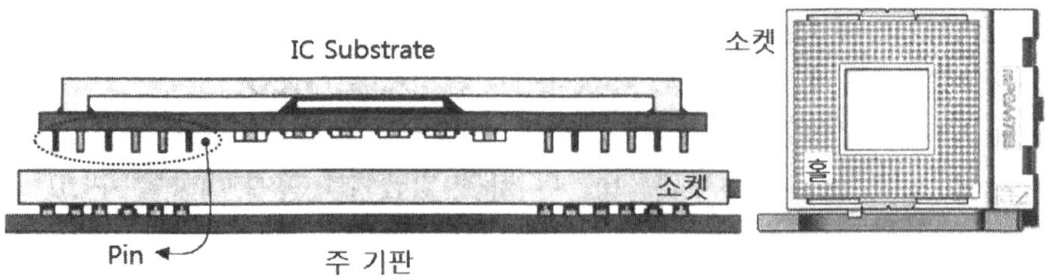

FCPGA

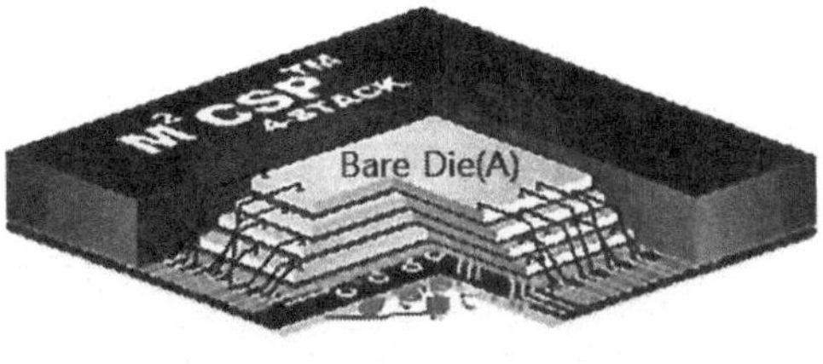

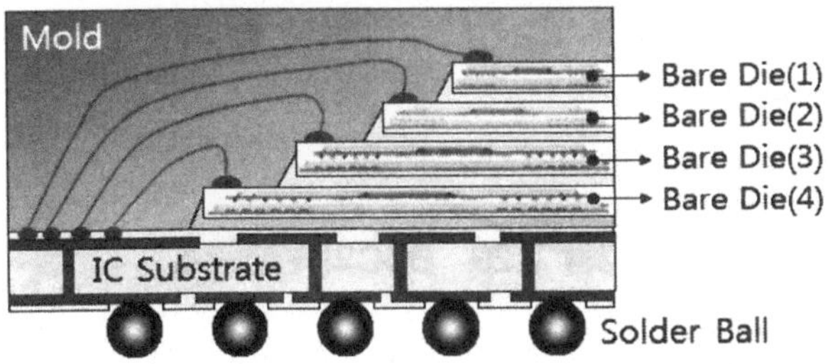

MCP

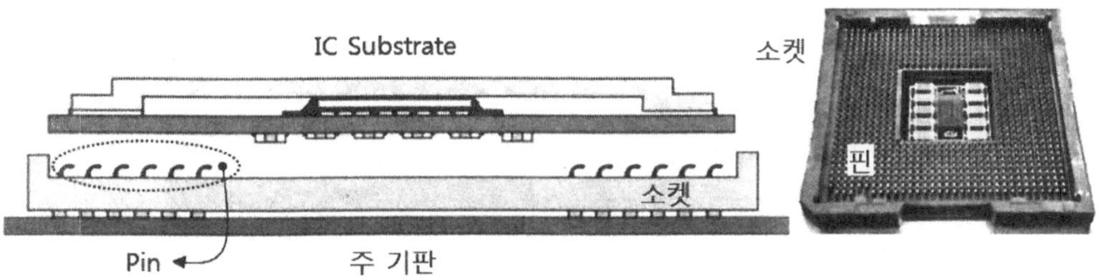

FCLGA

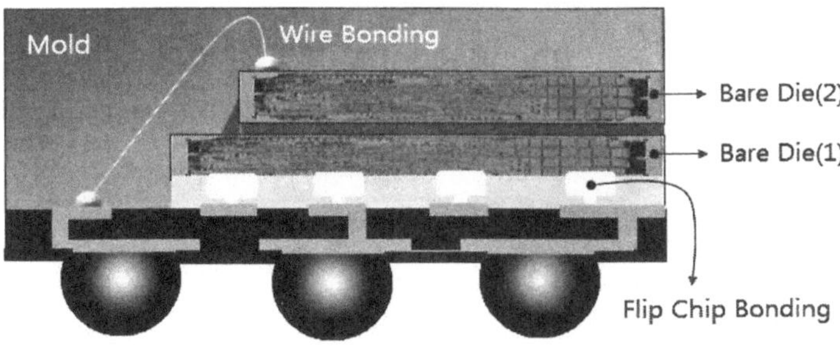

하이브리드방식의 MCP

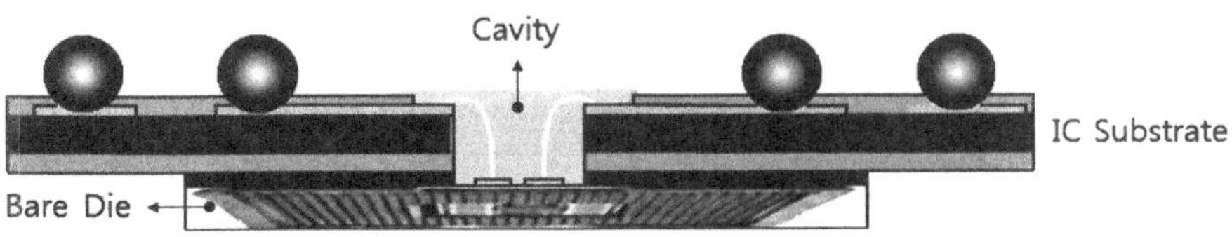

BOC 단면구조

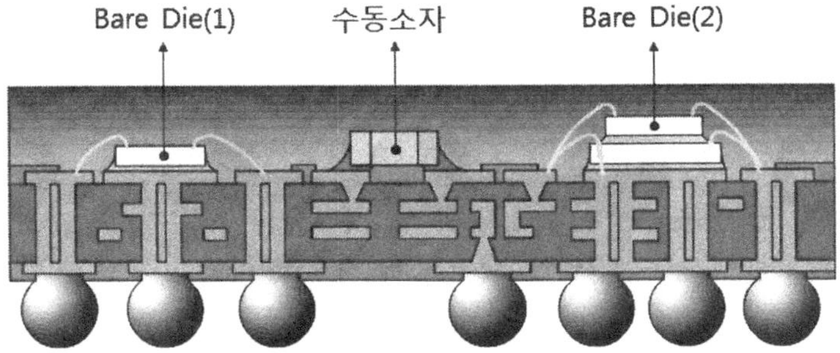

SIP 단면구조

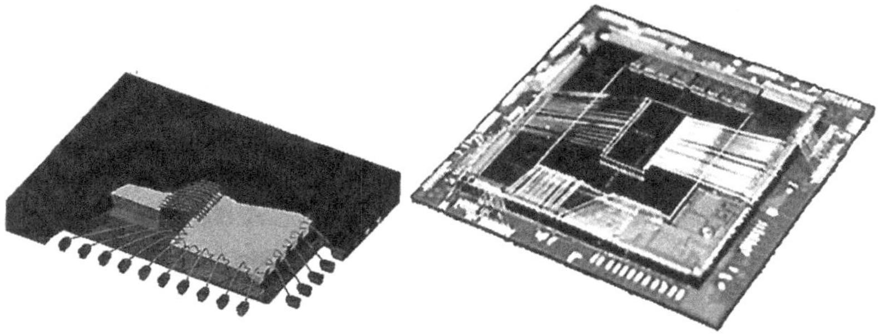

SIP제품

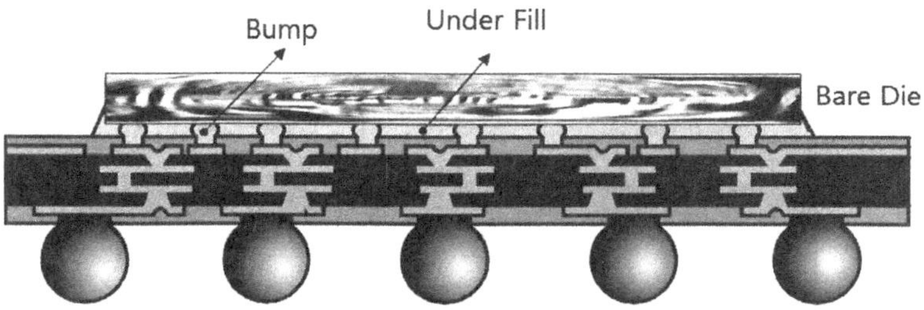

FCCSP 단면구조

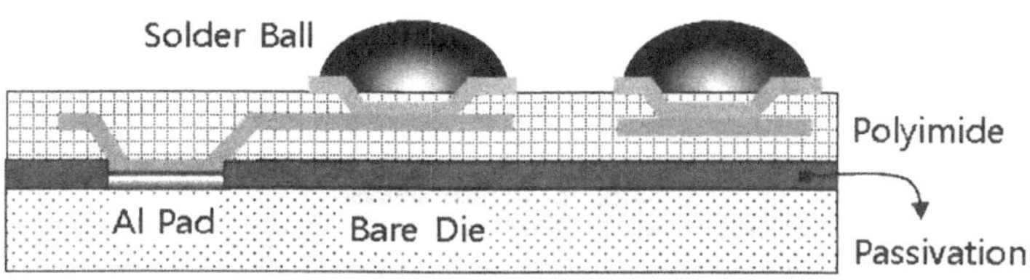

WLP

그림 1.51 반도체 기판 (Substrate) 모습

비틀림 (Twist)

PCB의 휨 현상의 하나로 휨이 한쪽 방향이 아닌 현상으로 뒤틀려 있는 경우를 말한다. 일반적으로 현상의 휨을 말한다.

보이드 (Void)

PCB에 있어서 채워져 메꾸어져 있어야 할 곳이 비어있는 상태로 대표적인 보이드는 홀 속 도금이 안되어 발생하는 도금 Void가 있다.

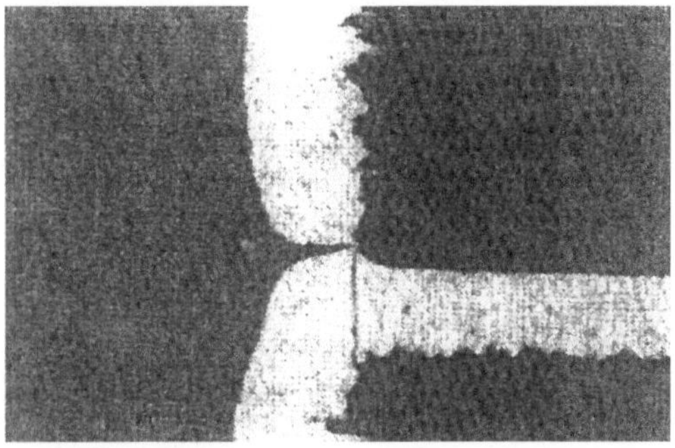

그림 1.52 도금 보이드 (Void)의 모습

백화 (white residue)

PCB표면의 솔더레지스트(Solder resist)가 어떤 원인에 의해 표면에 하얗게 꽃이 피어서 발생하는 불량을 말한다.

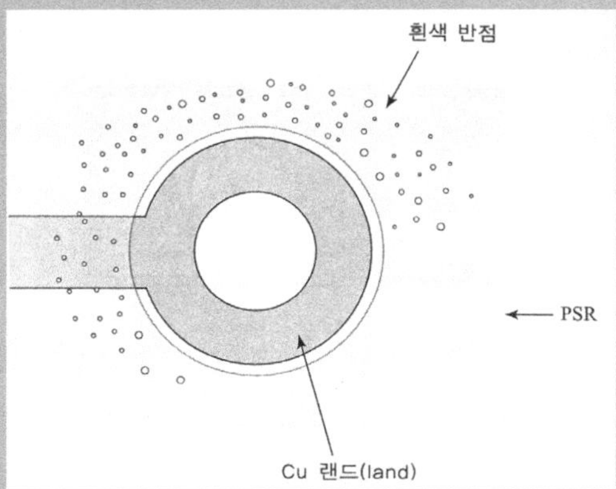

그림 1.53 백화 (white residue) 모습

1.7 사군 용어

세정 (Cleaning)

PCB표면으로부터 지문, 산화, 유지분, 이물질 등을 제거하는 것을 말한다.

수지상결정 (dendritic growth)

PCB의 회로 금속 즉, 동(Copper), 주석(Tin), 은(Silver) 사이에 전류 누전이 발생하여 이온 전이 (migration) 되어 미세한 가지처럼 금속이 성장하는 현상을 말한다. 이렇게 되므로 전기적 쇼트를 야기한다.

그림 1.54 수지상결정 (dendritic growth) 모습

스미어 제거 (Desmear)

PCB의 홀 가공(Drilling) 시 드릴 비트(Bit)의 마찰력에 의해 발생된 탄화수지(Smear)를 제거하는 공정을 말한다.

그림 1.55 Desmear 처리된 홀 속 모습

세계인쇄회로기판협회 (IPC)

Institute for Interconnecting and Packaging electronic Circuits의 약어로서 PCB산업에 관련된 규격(Specification)이나 기준(Guideline) 등을 국제적으로 통일하기 위해 1957년 미국에 설립된 비영리 국제 교류 협회를 말한다.

사진방지막 (photo resist)

PCB의 회로부위 또는 회로 아닌 부위에 도포되어 특정한 화학 약품에 견디어 회로를 형성시키는 감광성 고분자 물질로써 대표적인 것으로 D/F, PSR 등이 있다.

삽입형 접속단자 (Plug in Contact)

전자제품의 edge 커넥터와 잘 맞도록 설계하여 PCB를 제조하여 외곽 모서리를 가공한 일련의 접속단자를 말한다.

실험용 PCB (Prototype Printed Circuit board)

PCB업체에서 새로 order를 받아 제작한 첫 시제품 PCB로 여러 가지 실험과 평가 및 결과 인증을 위해 사용한다.

수리 (repair)

PCB 제조시 발생한 기능 및 외관상의 불량 즉, 단선(open), 쇼트(short) 및 외관 결함 등을 복구하는 작업을 말한다.

수지 (resin)

PCB 절연체의 한 재료로써 유리 섬유와 함께 절연체를 이루는 재료로 대표적으로 에폭시, 페놀, 폴리이미드 등이 있다.

스크렛치 (scratch)

PCB 도체 또는 절연체 위에 긁힌 부분을 말한다.

스크린 (Screen)

PCB의 인쇄시 인쇄틀(frame)[10] 에 견장되는 실크 또는 금속망사로써 잉크 (ink)를 PCB에 전사시키는 매개체를 말한다.

스크린 인쇄 (Screen printing)

PCB에 인쇄하는 방법의 하나로 스크린이 견장된 인쇄틀에 잉크를 부어서 인쇄도구인 스퀴지(Squeege)를 이용해 잉크를 PCB에 전사하여 인쇄하는 방식을 말한다. PCB에서는 회로를 인쇄하기도 하고, 솔더레지스트, 마킹 잉크 등을 인쇄할 수 있다.

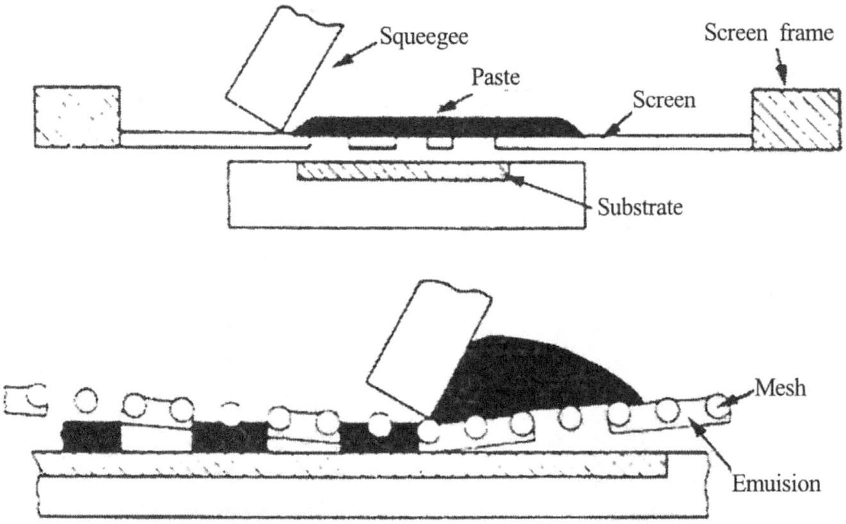

그림 1.56 스크린 인쇄 (Screen printing) 개략도

10) 인쇄틀(frame)은 PCB의 인쇄시 스크린을 견장하도록 만든 4각 알루미늄 틀을 말한다.

세미에디티브 공법 (Semi-additive process)

에디티브 공법의 하나로 절연기판에 무전해동도금을 하거나 아주 얇은 동박(3㎛)의 CCL을 출발로 하여 회로형성 및 전해도금을 거쳐 Soft etching 등의 공정을 거쳐 최종 회로를 얻는 공법으로 초미세 fine pattern을 얻는 제조 공법을 말한다.

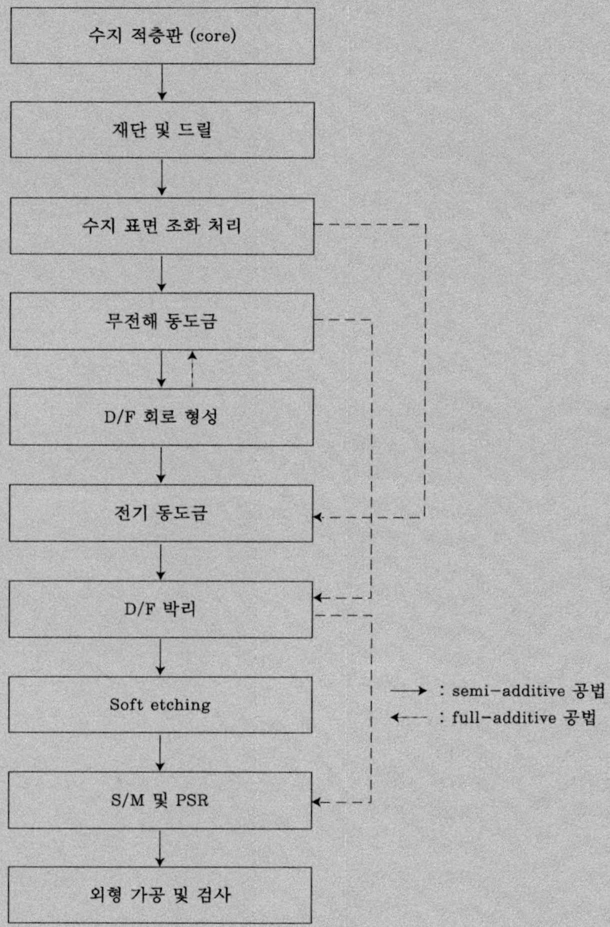

그림 1.57 세미에디티브 공법 (Semi-additive process) 공정도

시퀀셜 적층 공법 (Sequential Lamination process)

PCB 제조 공법중 하나로 Build-up공법이 나오기 전에 IVH 다층PCB를 제조할 경우 내층들을 형성한 후에 다시 내층끼리 한층, 한층 적층하여 IVH홀을 제조해나갔던 공법이다. Laser Drill이 나오기 전에 IVH 다층 PCB를 만들던 연속 적층 공법을 말한다.

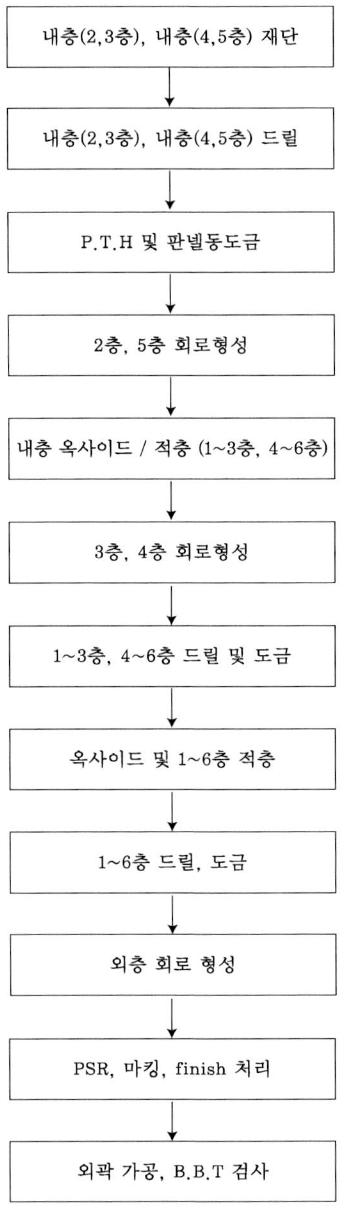

그림 1.58 시퀀셜 적층 공법 공정도(6층 PCB 제조시)

쇼트 (Short)

PCB의 설계 문제 또는 제조 공정상의 문제로 두 회로가 떨어져 있어야 하는데 어떤 원인에 의해서 연결되어 있는 불량을 말한다.

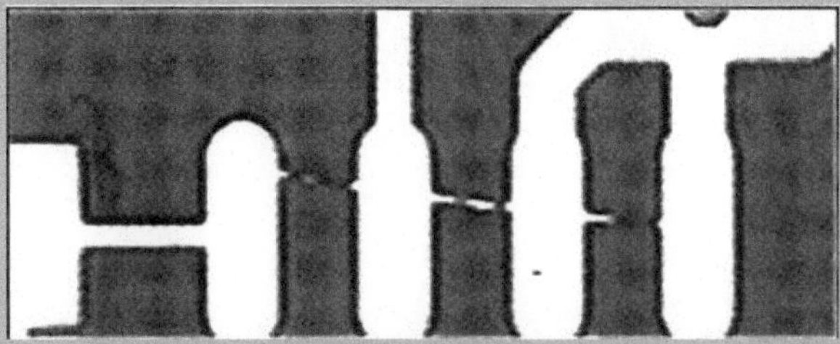

그림 1.59 PCB 회로의 쇼트(Short) 모습

신호층 (Signal plane)

PCB의 전기 신호 전송을 하는 도체 회로를 말한다.

스킵 (Skip)

PCB의 회로보호 및 절연성을 위해 도포하는 솔더레지스트가 회로 측면에 미 도포된 상태의 인쇄 불량을 말하며, 여러 원인에 의해 발생한다.

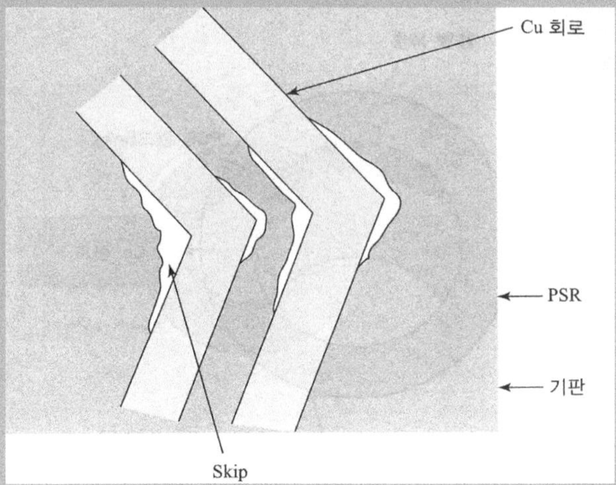

그림 1.60 솔더레지스트 스킵 (Skip) 모습

슬릿 (slit)

PCB회로가 완전 단선(open)은 안되었지만 회로가 약간 잘려나간 불량을 말한다.

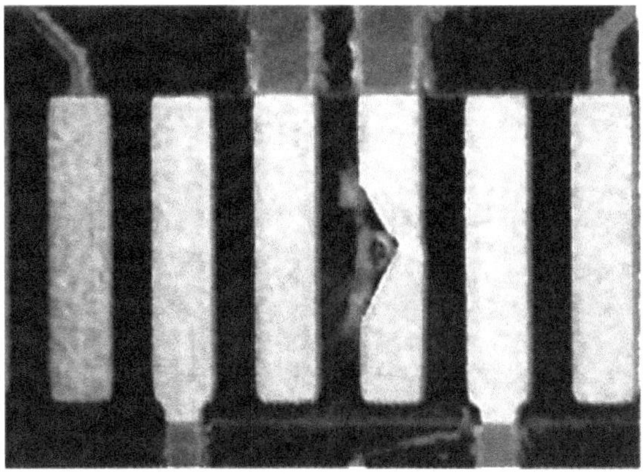

그림 1.61 PCB 회로상 슬릿 (slit) 된 모습

슬리버 (sliver)

PCB회로 형성 단계에서 부식 후 과부식으로 인해 회로모서리 부분의 어떤 금속의 지탱도 없는 부위를 말하고 2차적인 쇼트(Short) 불량을 야기할 수 있다.

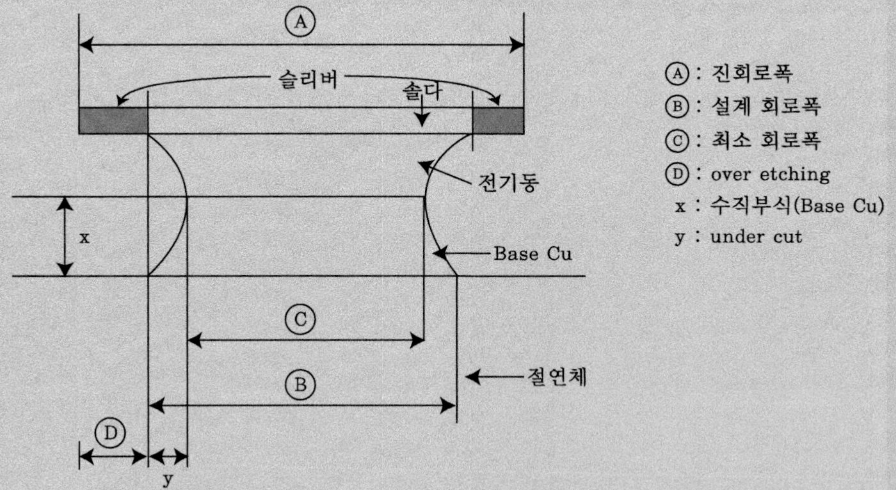

그림 1.62 슬리버 (Sliver) 모습

스미어 (Smear)

PCB의 홀 가공 (CNC Drill)시 다층 PCB에서 드릴 Bit의 마찰력에 의해 홀 속에 발생하는 절연체 탄화물을 말한다.
이 스미어(Smear)는 미제거시 홀 속 도금 후 전기적 접속불량을 야기할 수 있기 때문에 반드시 디스미어(Desmear) 처리로 제거해 주어야 한다.

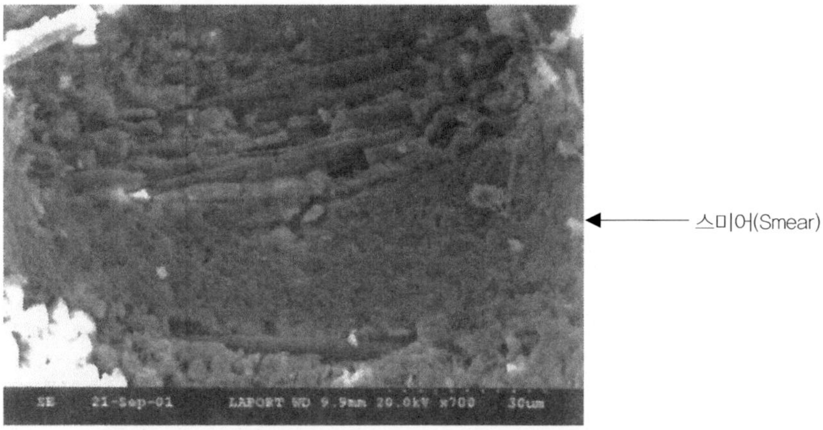

그림 1.63 PCB 홀 속 스미어(Smear) 모습

스노윙 (Snowing)

PCB완제품의 부품 솔더링 후에 솔더레지스트 (Solder resist) 표면에 남는 솔더찌꺼기 불량을 말한다.

소프트 에칭 (Soft etching)

PCB의 처리공정 중 표면의 오염물, 산화 등을 제거함과 동시에 동 표면에 거칠기(roughness)를 주기 위한 화학처리로 과산화수소-황산, 과황산나트륨-황산 등의 약품 조합으로 이루어진다.

소프트골드 (Soft gold)

PCB의 최종 finish처리의 하나로 와어어본딩 (wire bonding)을 위해 기판 Pad에 도금하는 전기금도금을 말하며 순도, 조직이 soft하여 soft gold라 한다.

솔더볼 (Solder ball)

PCB 솔더링 시 솔더크림 (Solder cream)이 끓으며 넓게 퍼질 때 발생하는 땜납의 작은 볼 형태의 덩어리로 회로 표면이나 솔더레지스트 표면에 묻어나온다.

솔더크림 (Solder Cream)

PCB에 부품 실장시 사용되는 땜납, 플럭스, 용제 등을 포함하고 있는 크림의 일종이다.

솔더 웨팅 (Solder wetting)

PCB의 납땜 동 표면 위에 솔더링 하였을 때 솔더(Solder)가 균일하고 안 될 부분 없이 골고루 잘 코팅(Coating) 된 것을 말한다.

솔더레지스트 (Solder resist)

PCB의 최종 완제품상에서 부품을 솔더링(Soldering) 할 때 부품 및 표면실장기구 (SMD) 이외의 부분을 덮어 솔더링이 되지 않도록 하는 잉크의 일종으로 열경화형 솔더레지스트(I·R S/R), 자외선 경화형 솔더레지스트(u·v S/R), 열 · 자외선 경화형 솔더레지스트 (PSR) 등이 있다.

시험 측정규격 (Test Specification)

어떤 제품이 일반 규격서의 모든 항목을 만족시키기 위해 필요한 시험으로 보통 측정항목 및 그 방법이 언급된 문서를 말한다.

수정 (touch-up)

PCB가 여러 제조 공정을 거치며 발생한 결함들을 바로 잡아 고치는 것을 말한다.

1.8 아군 용어

알카리 세정 (alkaline cleaning)

알카리 용액을 이용하여 PCB를 세정하는 것을 말한다.

인가환경 (ambient environment)

PCB나 부품 등이 최종적으로 접촉할 주변 환경을 말한다.

아날로그 기능 시험 (analog functional testing)

다양한 형태의 아날로그 테스트 신호를 스위치나 다중송신기를 통해 흘려서 출력치를 찾아내는 테스트를 말한다.

에뉼러 폭 (annular width)

PCB의 홀을 감싸고 있는 랜드의 최소 폭을 말한다.

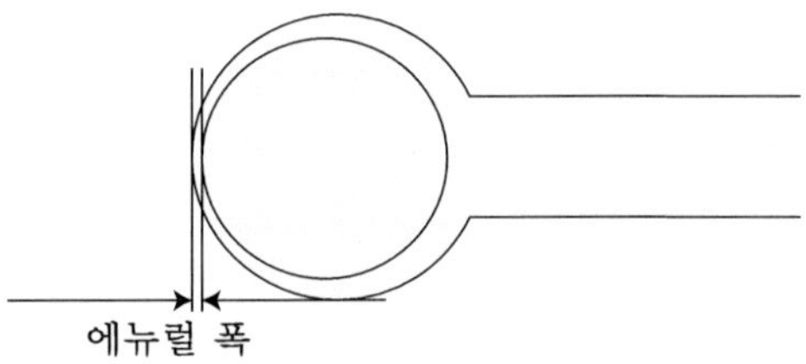

그림 1.64 에뉴럴 폭 (annular width) 모습

양극 (Anode)

PCB 전기도금시 양전극을 말하여 도금하려는 금속을 보통 양 전극에 연결한다.

아노드볼 (Anode Ball)

전기도금시 양극에 도금하려는 볼 형태의 금속을 말한다.
보통 PCB에서는 전기동도금시 동볼(Copper Ball)을 많이 사용한다.

아크저항 (Arc resistance)

어떤 재료의 표면상에 일정조건의 고 전압, 저 전류를 인가시 변화하는 저항치를 말한다.

아트워크 (Art work)

PCB설계 (CAD)한 PCB의 각종 도면을 CAM작업을 거쳐 레이져 포토 플로터 (Laser photo plotter)에 의해 그려진 필름 현상을 거쳐 뽑아낸 회로가 그려진 필름을 말한다.

아트워크 필름 (Artwork film)이 동일한 말이다.

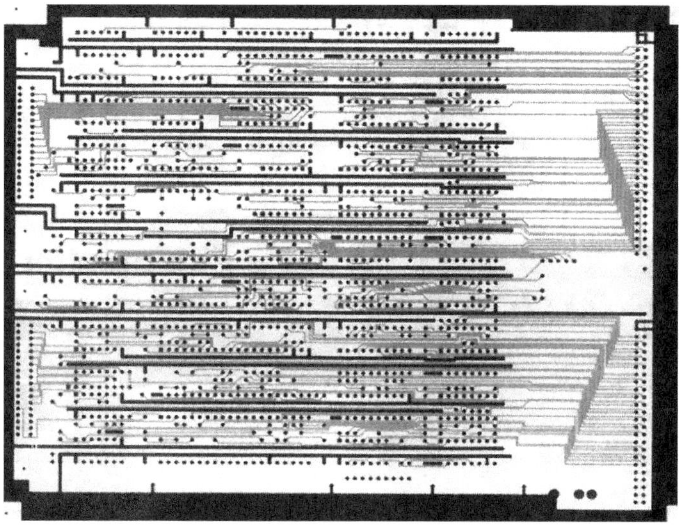

그림 1.65 아트워크 필름 (Artwork film) 모습

에스펙트 비 (aspect ratio)

PCB기판 대비 홀Ø (직경)의 비를 말한다.

일반적으로 에스펙트 비 (aspect ratio)가 클수록 드릴 가공, 도금 등이 어려워진다.

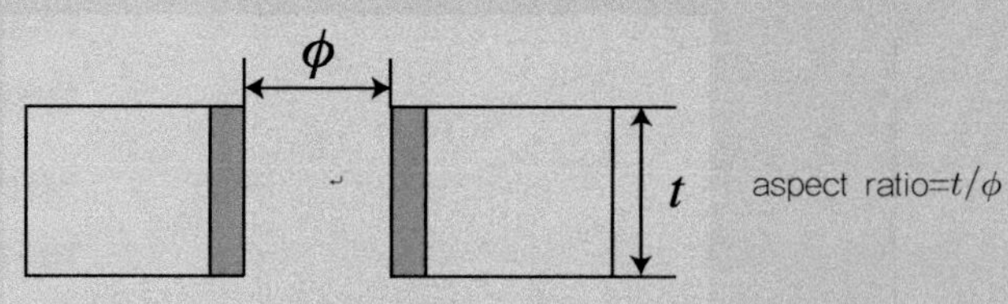

그림 1.66 에스펙트 비 (aspect ratio)

에셈블리 도면 (assembly drawing)

PCB 또는 PCB에 실장하기 위한 부품, 부품들의 결합 등의 PCB실장에 필요한 모든 정보를 갖고 있는 도면을 말한다.

역광테스트 (Back Light test)

PCB 드릴 후 홀 속 도금인 무전해 동도금 후 홀 속의 도금 상태를 확인하는 방법으로 홀을 cross cutting 하여 연마(Grinding)후 시편 뒤에서 빛을 비추어 홀 속 보이드(Void)를 확인하는 시험을 말한다.

이때, 빛이 홀 속에서 새어나오면 홀 속에 Void가 있는 것을 알 수 있다.

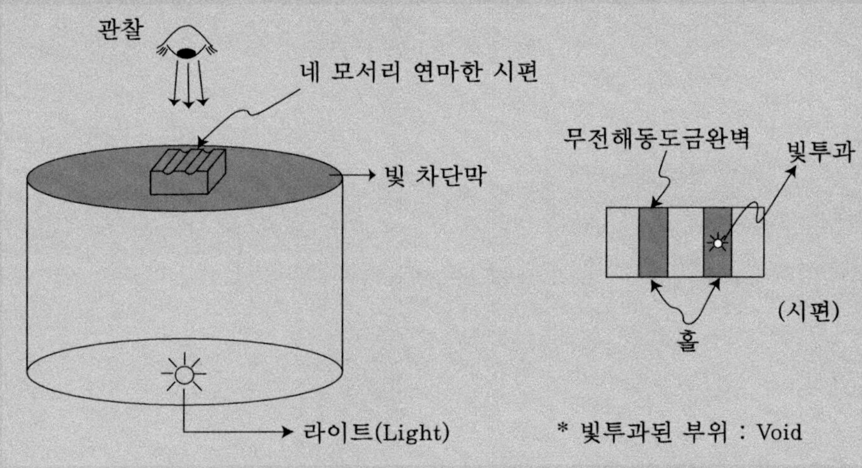

그림 67 역광테스트 (Back Light test) 방법

음극 (Cathode)

PCB의 전기도금에서 PCB를 랙킹하는 전극으로 양극의 동 이온 (Cu^{2+})이 환원되어 양극의 PCB의 홀 및 회로에 동 금속 (Cu^{0})으로 석출된다.

오염물 (Contamination)

PCB상에서 성능에 문제를 야기 시킬 수 있는 이물질 및 불순물을 통털어 말한다.

연속성 (Continuity)

PCB의 회로상에서 전류의 흐름이 방해받지 않고 흐르는 성질을 말한다,

유전상수 (Dielectric Constant)

공기 중의 정전용량(Capacitor)에 대한 어떤 절연체의 정전용량의 비를 의미한다. 보통 유전율이라고도 한다.

양면 기판 (Double Side board)

기판의 양쪽면에 회로가 형성되어 있는 기판으로 양쪽 회로를 연결하기 위해 홀을 가공하여 홀 속 도금(P.T.H)을 하여 최종 부식을 하여 회로를 형성한다.

그림 68 양면 기판 (Double Side board) 모습

에론게이션 (elongation)

PCB의 동박 또는 전기동도금의 연성을 말하며 보통 동박은 길이의 최소 3%의 연성을 갖고 있어야 하고 전기동도금된 동은 최소 12%이상의 연성이 요구된다.

에폭시 수지 (epoxy resin)

PCB의 대표적인 절연체의 주성분으로 에폭시 수지 (epoxy resin)를 말하며 가격이 저렴하고 접착성, 내열성, 절연성 등을 두루 갖추고 있다.

에치백 (etch back)

군사용, 항공용 다층 기판의 드릴후 발생된 스미어(smear)를 제거함과 동시에 홀 속 절연층을 부식(etching) 시켜 내층과 절연층이 3접점을 이루게 하여 도금의 접착강도를 높여주기 위한 디스미어(desmear) 처리의 일종이다.
디스미어 공정을 더욱 확실하게 하기위한 처리이다.

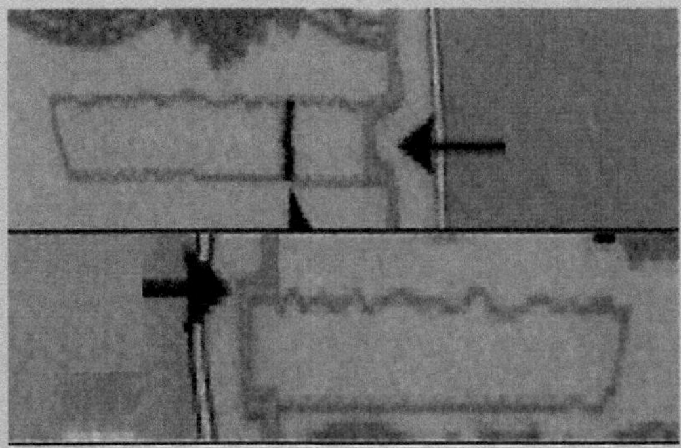

그림 1.69 에치백 (etch back)된 홀 속 모습

에칭펙터 (etching factor)

PCB의 회로를 절단해서 회로단면을 봤을 때 회로의 언더컷트(under Cut) 부위의 깊이 대비 한 회로의 두께의 비를 말한다,

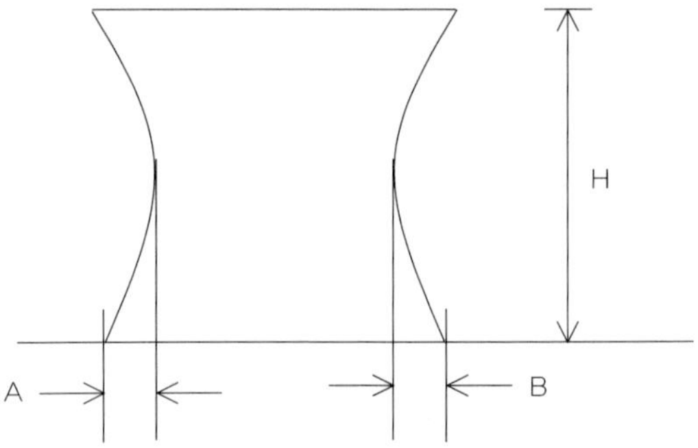

그림 1.70 에칭 펙터 (etching factor) 계산식

위 그림에서 A, B를 언더컷트 라하고 회로 두께 H라 하여 에칭펙터는 $e\cdot\ f=\dfrac{H}{\frac{A+B}{2}}$ 로 계산할 수 있다.

에칭레지스트 (etching resist)

내층 PCB 또는 외층 판넬도금 공법에 적용되는 D/F은 회로형성시 부식하는 동안 회로를 부식액에 대하여 보호(resist) 해준다하여 에칭레지스트(etching resist)라 한다. 외층 패턴 도금 공법에서 솔더(Solder) 도금이 에칭레지스트 역할을 한다.

외층 (outer Layer)

다층 PCB의 외부 층(Layer)을 말한다.

아일렛 (Eyelet)

PCB의 납땜성(Solderability) 향상을 위해 비도통홀(Non-P.T.H)에 삽입하는 원통형의 둥근 pin형태의 공구를 말한다.

유리섬유 노출 (weave exposure)

PCB의 절연층의 유리섬유(weave ; glass fiber)가 공정진행되면서 기계적 충격, 마찰 및 화학적 침식등에 의해 노출되어 보이는 상태를 말한다.

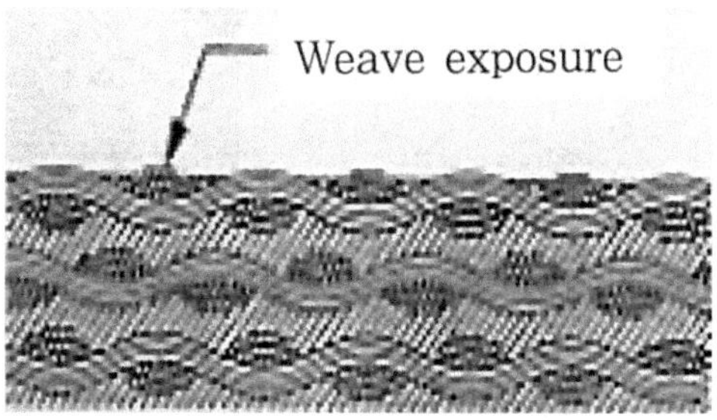

그림 1.71 유리섬유노출 (weave exposure) 된 모습

연성회로기판 (flexible printed Circuit board)

절연체가 폴리이미드(polyimide) 또는 폴리에스테르(polyester)로 된 굴곡성이 있는 PCB를 말한다.

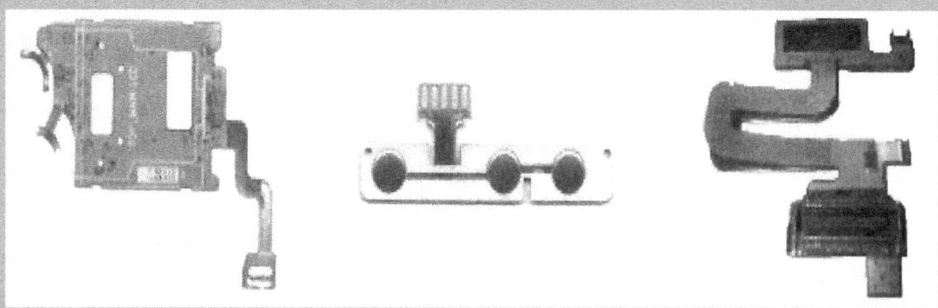

그림 1.72 연성회로기판 (flexible printed Circuit board) 모습

용융 (fusing)

PCB 제조공정중 하나로 전기도금에 의한 금속도금막 즉, 땜납 도금막을 열 또는 oil 등에 의해 재결합시키는 공정을 말한다.
일반적으로 과거에 솔더(Solder)를 용융하여 광택이 나는 솔더로 만들 때 사용되었다.

일반 규격 (General Specification)

PCB업체에서 구매, 사양, 기술부서에서 사전평가하기에 훌륭한 주문업체의 제품에 대한 세부 정보를 기술해 놓은 문서를 말한다.

유리전이온도 (glass transition temperature ; Tg)

PCB의 내열정도를 의미하며 열을 가하여 PCB의 물성, 특성이 변하는 온도로 보통 FR-4 기판은 120~130℃ 정도이다.

이미지 (Image)

PCB 회로 형성시 D/F에 아트웍크 필름을 놓고 노광 및 현상하여 얻어진 회로 형상을 말한다.

임피던스 (Impedance)

보통 직류전류에서는 저항(resist) 즉, $R(\text{저항}) = \dfrac{v(\text{전압})}{i(\text{전류})}$ 을 의미하지만,

임피던스는 교류전류에서 보통 쓰여진다.
교류에서는 인덕턴스 (L)과 캐패시턴스 (C)가 함께하여 보통 교류의 저항 성분으로 $Z(\text{임피던스}) = \sqrt{\dfrac{L}{C}}$ 로 계산된다. 단위는 옴(Ω)을 쓴다.

인클루젼 (inclusion)

PCB의 도체 회로가 형성된 각 층, 도금, 솔더레지스트, 절연층 내의 이물질 등을 통털어서 말한다.

인터포우저 (interposer)

Package 용 실리콘 칩(Silicon chip)과 PCB와의 열팽창 계수의 차이에서 발생되는 문제점을 해결하기 위해 사이에 삽입하는 완충재로서 μ-BGA에서 사용되는 Dry pad 등이 있으며 폴리이미드 필름 형태의 얇은 재료등도 있다.

이온화 오염물 (ionizable Contamination)

PCB처리 중에 발생된 지문, 부식, 염류, 플럭스 잔류물 등을 말하며, 이들이 용해, 이온화되면서 전기전도율이 증가하여 문제를 야기시킨다.

위치결정 홀 (Location hole)

PCB를 특정 위치에 맞추어 고정시키거나 부품을 실장하기 위한 PCB상의 위치 맞춤홀을 말한다.

음판 (negative)

필름 또는 기판상의 회로가 아닌 부분이 검은 것을 말한다. 즉, 회로부분이 투명한 필름을 음판필름(negative film)이라 한다.

반대로 회로부분이 검은 것을 양판(positive)이라 하고 이러한 필름을 양판필름 (Positive film)이라 한다.

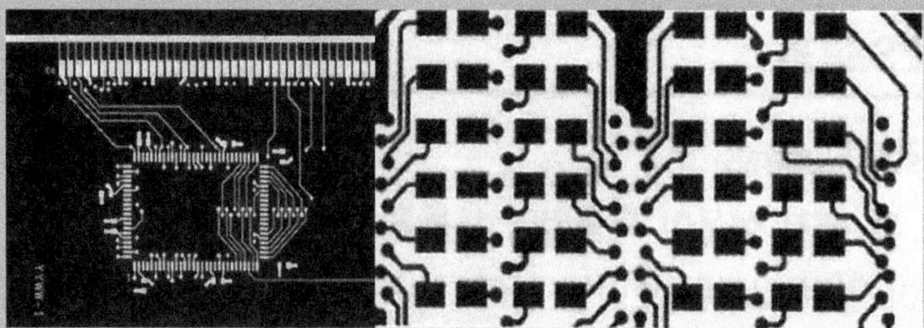

그림 1.73 음판 필름과 양판 필름 모습

아웃그로스 (outgrowth)

PCB의 전기도금에 의해 형성된 회로폭이 도면상의 회로폭보다 증가된 상태를 말한다.

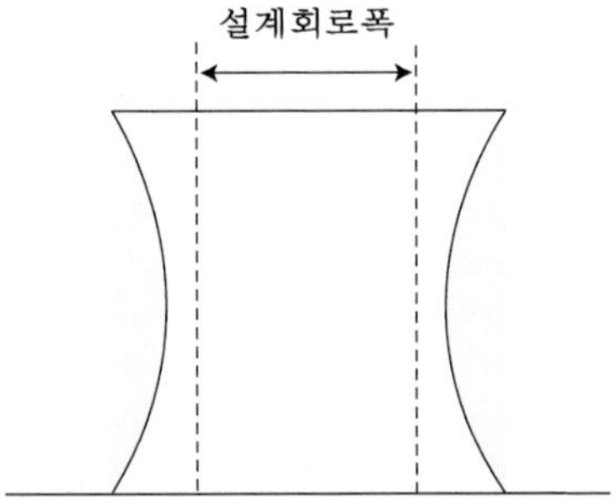

그림 1.74 회로의 아웃그로스 (outgrowth) 모습

오버도금 (over plating)

PCB의 회로에 필요이상의 두께로 도금된 것을 말한다. 이렇게 되면 회로상의 불량을 초래한다.

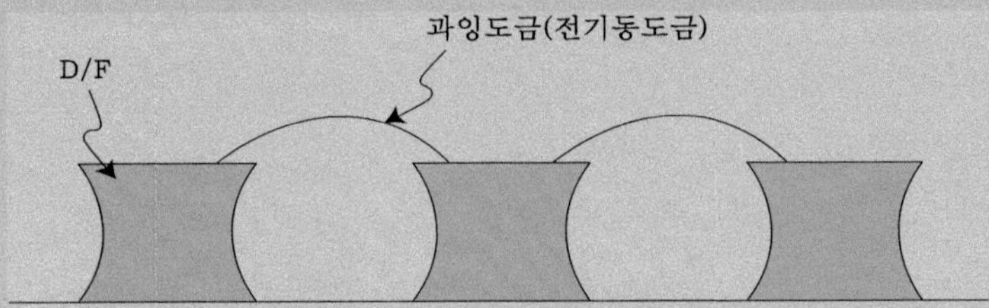

그림 1.75 오버도금 (over plating) 된 회로 모습

오버행 오버도금 (over hang)

PCB 회로상에서 아웃그로스(outgrowth) 된 도체폭 (+)과 언더커트(under cut)된 도체폭 (−)를 더한 전체폭을 의미하며, 이 값이 크다는 것은 과부식 (over etching) 이 되었다는 뜻이다.

예열 (pre-heating)

PCB솔더링 전에 플럭스 처리 후 oven기를 통과시켜 플럭스를 활성온도로 만들기 위한 열처리를 말한다. 이를 하므로 고온 솔더링 및 이로 인한 열충격을 완화시켜 기판의 변형을 막을 수 있다.

안전광 (Safe light)

PCB에 사용되는 은염필름(Silver halide film)의 사용실(room)내의 적색광을 말하며 적색광 내에서 은염필름은 감광이 안된다. 보통 암실은 적색광 내에서 작업이 이루어진다.

언더커트 (under Cut)

PCB회로 형성을 하기 위해 부식을 하는데 부식후 회로에서 측면의 가장 깊숙이 들어간 폭을 말한다.

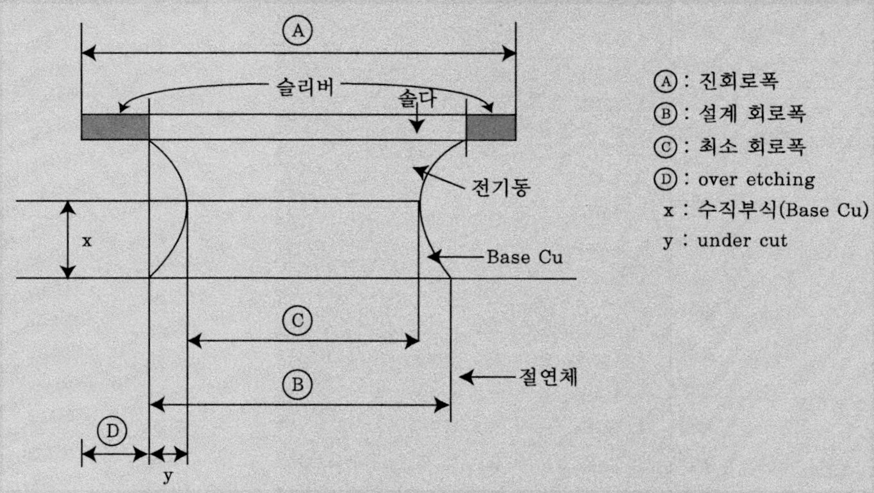

그림 1.76 언더커트 (under Cut) 모습

용제세척 (Solvent cleaning)

유기용제를 사용하여 PCB를 세척하는 것을 말한다.

인장강도 (tensile strength)

PCB에 사용되는 동박 또는 동도금된 금속의 인장강도를 말한다.

웨이브 솔더링 (wave Soldering)

일반적으로 솔더링 방식의 하나로 순환(wave)하는 땜납 표면이 PCB를 접촉시켜 납땜하는 방식을 말한다.

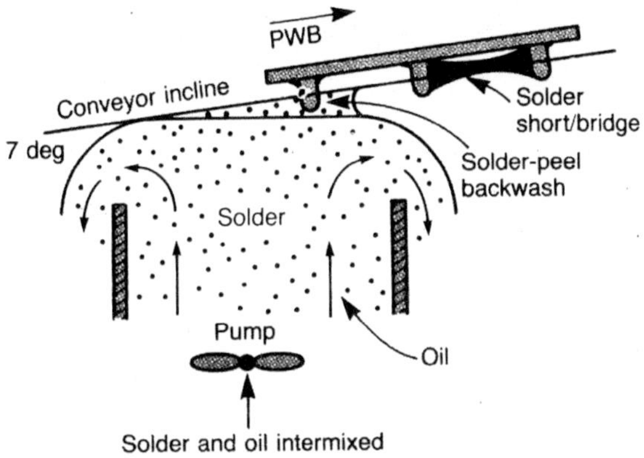

그림 1.77 웨이브 솔더링 (wave Soldering) 모습

위스커 (whisker)

보통 PCB의 표면 실장 시 주석(Tin) 또는 은(Ag)과 같은 금속이 아주 가느다란 필라멘트 형태로 금속이 자라 옆 단자와 쇼트(short) 등을 일으킨다.

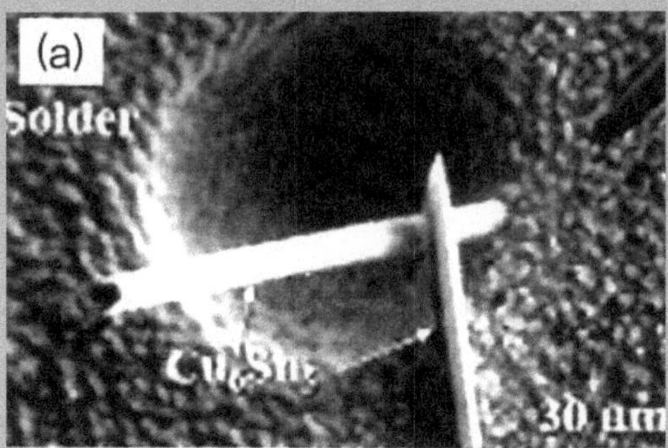

그림 1.78 위스커 (whisker) 된 모습

위킹 현상 (wicking)

PCB 드릴 후 드릴문제로 홀 내벽의 유리섬유(glass fiber)가 뜯겨서 그 틈으로 무전해 동도금(P.T.H) 및 전기동도금이 침투하여 도금된 현상을 말한다.

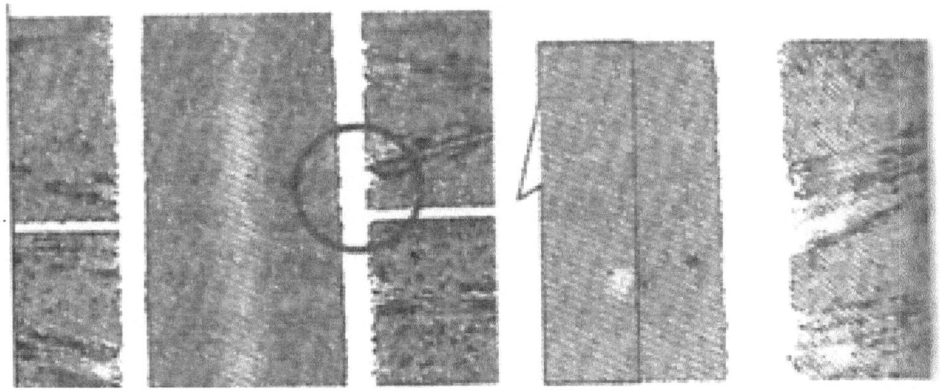

그림 1.79 PCB 홀 속 위킹 (wicking) 모습

1.9 자군 용어

자동광학검사기 (Automatic optical inspector)

내층 PCB의 부식 후 회로의 결함을 광을 이용해 검사하는 검사 장비를 말한다.

그림 1.80 자동 광학 검사기 (A.O.I) 모습

조립실장 (assembly)

PCB상에 부품, 기구품 및 조합 등을 실장하는 것을 말하며, 조립 실장 되어 특정 기능을 수행하게 된다.

접착층 (Bonding Layer)

다층 PCB 적층시 내층과 Cu foil을 접착시켜주는 층으로 보통 pre-preg를 다른 말로 본딩 시트 (Bonding sheet)라고도 한다.

접속 (connection)

PCB의 도체회로와 전기적으로 접촉시키는 것을 말한다.

접속저항 (contact resistance)

특정 조건에서 접속 단자 부위의 접촉 금속 표면에서 발생하는 전기적 저항을 뜻한다.

접속단자간격 (contact spacing)

PCB의 인접 단자 중심선 간의 거리를 말하고 흔히 피치(pitch)라고 한다.

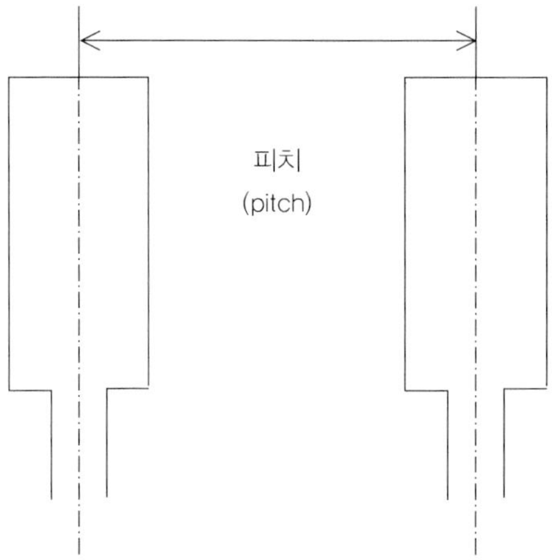

그림 1.81 접속단자간격 (contact spacing)

전류밀도 (current density)

PCB의 전기도금시 피도금물에 인가된 단위면적 당 전류를 말하며, 보통 PCB의 도금면적에 전류밀도를 곱하여 전류를 부여한다.

좌표 (Datum hole)

보통 기준점이라고도 하며 PCB제조 및 검사 시에 회로, 홀 정렬, 다층일 경우 층간 위치 정렬 등을 쉽게 할 수 있도록 미리 정해둔 기준점을 말한다.

자기판 (daughter board)

마더보드(mother board)에 플러그인(plug in) 방법으로 실장되는 보조 기판을 말한다.

절연체 (Dielectric)

PCB의 절연 역할을 하며 회로를 형성하는 동박층을 지지해주는 원자재를 말한다.

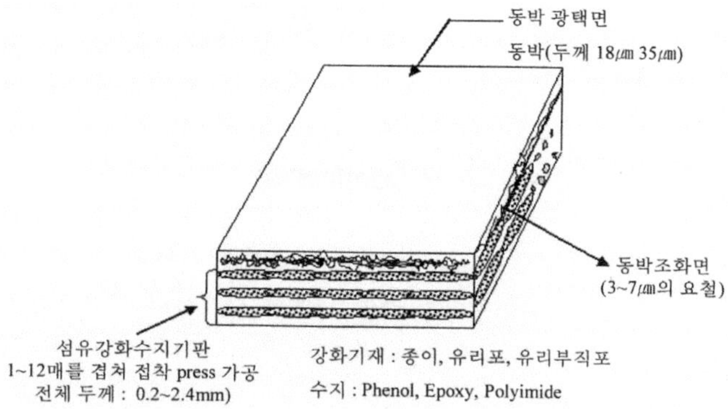

그림 1.82 양면 PCB의 절연체 (Dielectric)

절연파괴 (Dielectric breakdown)

PCB의 사용 전압치가 아주 높을 경우 절연체가 열화 되어 절연성을 잃는 현상을 말한다.

절연층 두께 (Dielectric thickness)

PCB의 동박 및 도금 금속층을 제외한 순수한 절연층의 두께를 말한다.

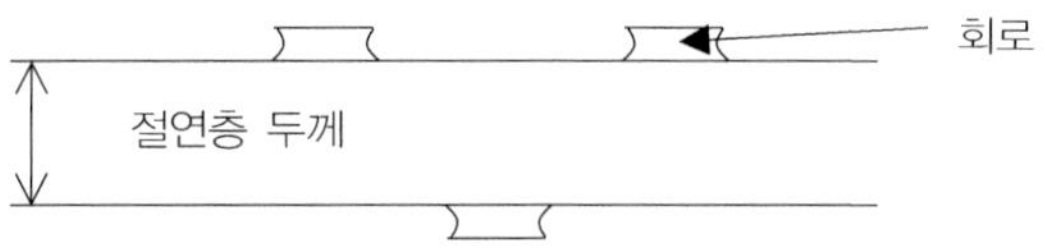

그림 1.83 양면 PCB의 절연체 두께 (Dielectric thickness)

전해도금 (electro-deposition)

PCB도금중 하나로 도금용액 내에 전류를 흘려서 +극의 동볼(Cu anode)를 용액하여 - 극의 PCB에 동 (Copper)를 석출하는 도금 방식을 말한다.

전해 세정 (electro-cleaning)

PCB를 전기적으로 용액 속에서 세정하는 것을 말한다.

전해질 (electrolyte)

전기를 흘리면 전류가 흘러 도금 등을 할 수 있는 용액을 말한다.

잔류동 (extraneous Copper)

PCB의 회로 형성 후 불필요하게 남아 있는 동 찌꺼기를 말한다.

접지층 (Ground plane)

PCB의 회로를 지나는 전송파의 반향, 차폐, 방열 작용을 목적으로 하는 층으로 보통 넓은 금속면으로 내층 및 외층 모두에 적용된다.

접지판 (Ground plate)

다층 PCB의 경우 층과 층 사이에 묻혀 있으며 접지역할을 하는 금속판을 말한다.

절연저항 (insulation resistance)

PCB의 절연층에서 회로와 회로사이의 절연저항을 표면저항, 회로층과 회로층 사이의 절연저항을 부피저항이라고 하고 이를 모두 절연저항이라고 한다.

점퍼 (Jumper)

일반적으로 단면 PCB제조 후에 필요시 PCB회로 또는 홀 간, 단자 간 연결이 필요할시 두 지점 간을 wire로 전기적으로 연결시키는 방식을 말한다.

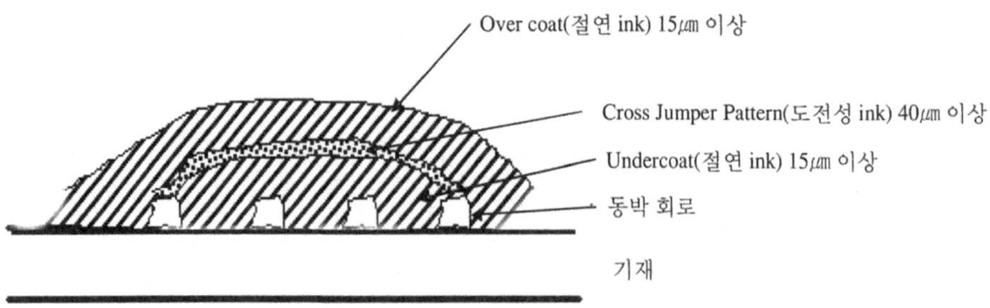

그림 1.84 점퍼 (Jumper) 회로 모습

적층 (Press)

PCB공정에서 다층 PCB 제조시 내층과 pre-preg 및 Cu foil을 순서에 맞게 놓고 열과 압력을 조건에 맞게 가하며 다층 PCB를 제조하는 공정을 말한다.

적층판 두께 (Laminate thickness)

PCB의 원재료인 동박 적층판(CCL)의 두께를 말한다.

적층 보이드 (Laminate Void)

다층 PCB 및 양면 PCB의 절연층에 수지가 차있지 않고 구멍이 나있는 상태를 말한다.

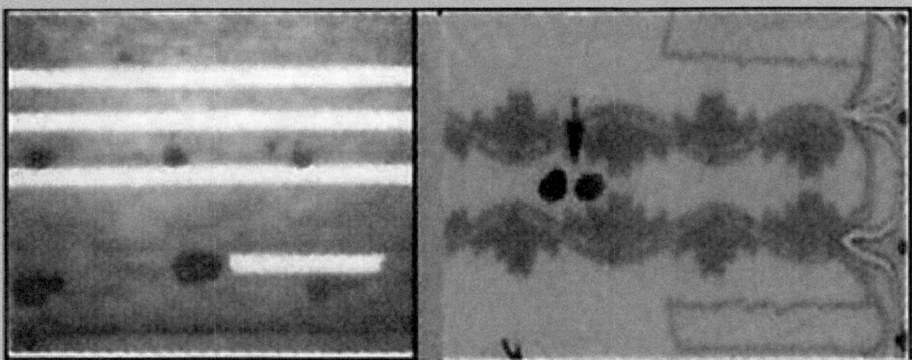

그림 1.85 적층 보이드 (Laminate Void) 모습

적층치구 (Lamination fixture)

다층 PCB의 적층 작업시 사용되는 도구들로 Sus판, Top판, Bottom판, Carrier판 등이 있다.

제조도면 (manufacturing drawing)

PCB의 사양, 특성, 외형, 규격, 치수, 회로 배치, 홀∅ 등의 규정을 표기한 도면을 말한다.

정류기 (rectifier)

교류전류를 직류전류로 변환하는 장치로 주로 PCB제조공정 중 전기도금 시 사용된다.

그림 1.86 정류기 (rectifier) 모습

정합 (registration)

PCB의 제조공정중 다층 PCB 제조시 내층끼리 서로 맞추는 작업, 회로 형성 공정에서 필름과 PCB의 일치성 등 PCB 제조시 위치 맞춤 정도를 말한다.

1.10 차군 용어

첨가제 (addition agent)

PCB의 약품 또는 잉크 등에 첨가하여 특성을 조절하고 유지시켜주는 화학성분으로 도금에서는 광택제, 잉크에서는 경화제 등을 말한다.

칩 (chip)

반도체 가공 기술을 사용하여 제조된 능동 및 수동 회로 소자를 구성하는 단일 칩을 말한다.

그림 1.87 칩 (chip) 모습

치수안정성 (Dimensional stability)

PCB나 필름 등이 온도, 습도, 약품처리, 기계적 충격 등의 여러 요인들에 의해 발생하는 치수변화 정도를 의미하며, 일반적으로 치수변화율이 적을수록 치수안정성이 좋다고 말한다.

초도품 검사 (first article inspection)

PCB의 양산 작업 전 사전작업을 거쳐 실행되는 샘플링 검사를 말한다.

층간접속 (interlayer connection)

다층 PCB의 서로 다른 층의 회로 사이의 전기적 연결을 의미한다.

최소 전기적 간격 (minimum electrical spacing)

PCB의 회로사이에 전류, 전압 조건하에서 절연 파괴, 방전현상(corona)이 일어나지 않는 최소 허용 회로간격을 말한다.

차폐전극 (Shielding electronic)

부품이나 회로에서 발생하는 전·자기, 방사선등의 영향을 막기 위해 설치된 전극을 말한다.

측정용 치구 (Test fixture)

PCB의 최종 기능 시험인 전기도통시험(Bare Board Test)시 Test Pin이 장착된 기계적 도구(tool)로서 지그(Jig)라고도 하며 보통 아크릴로 되어있다.

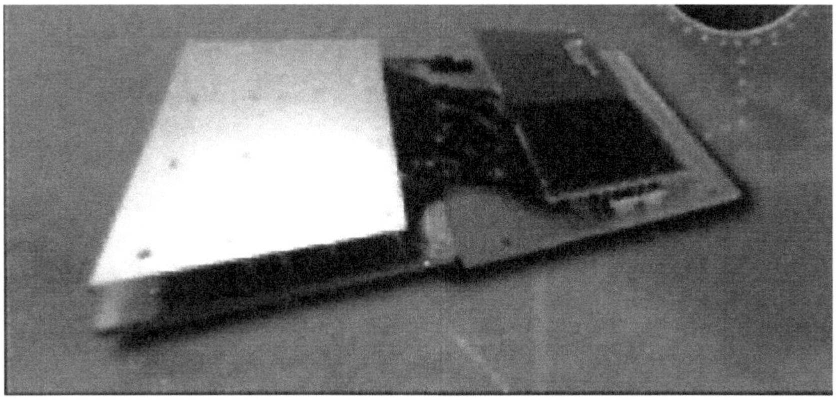

그림 1.88 측정용 치구 (Test fixture) 모습

1.11 카균 용어

카본처리 (Carbon treatment)

PCB의 도금용액을 사용하면서 축적된 유기 오염물을 흡착, 제거하기 위해 정기적 (보통 1회/년)으로 카본가루(carbon powder)를 넣어 잘 교반하여 필터링 (filtering) 하여 액을 깨끗하게 사용할 수 있게 처리하는 것을 말한다.

클래드 (Clad)

절연체 위에 동박 (Cu foil) 등을 한쪽 또는 양쪽 면에 붙여놓은 상태를 보통 말한다.

크리어런스 홀 (Clearance hole)

다층 PCB제조시 일반적으로 내층이 외층과 전기적 접속을 하고 있으나 특정 층은 전기적 접속이 필요없어 내층과 through hole 안되어 있는 홀을 말한다.

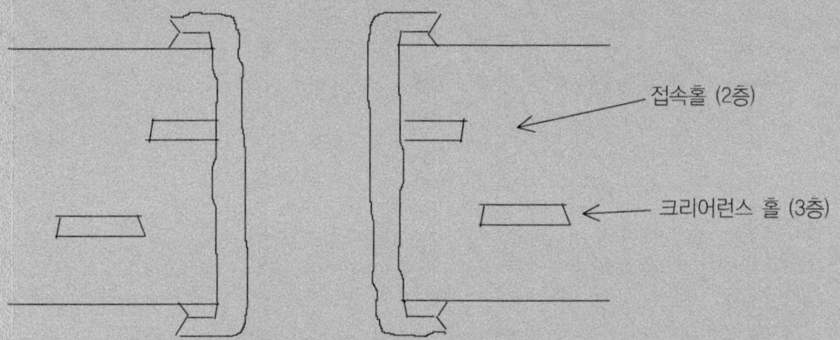

그림 1.89 크리어런스 홀 (Clearance hole) 모습

크린룸 (Clean room)

항온 항습 및 청정도(class)가 유지된 룸(room)을 말하며 PCB제조공정중 필름실, D/F실, Lay-up실, 제판실, PSR실 등에 필요하다.

코너 마크 (corner mark)

PCB의 artwork 필름의 코너(corner)부위를 표시하는 기호로 기판의 외형 윤곽을 결정한다.

쿠폰 (coupon)

보통 테스트 쿠폰(Test Coupon)이라 하여 PCB 제조공정상 각종 실험을 할 경우 쓰이는 시편이라고 보면 된다.

크레이징 (Crazing)

PCB 제조과정 중에 심한 기계적 비틀림, 충격 등에 의해 유리섬유와 수지가 떨어져 흰점 또는 십자형 형태로 나타나는 현상을 말한다.

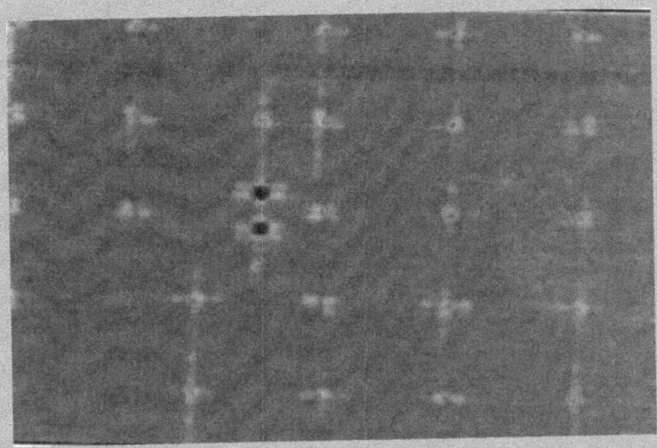

그림 1.90 크레이징 (Crazing) 모습

크로스 헷칭 (Cross hatching)

PCB의 넓은 그라운드 회로 (Ground)를 체크무늬로 하여 일부 동박을 제거하는 것을 말한다.

크로스 토크 (Cross talk)

PCB회로에 신호를 전송할 때 두 회로간의 전기적인 에너지(energy) 결합을 일으켜 노이즈(Noize) 등이 생기는 현상을 말한다.

1.12 타군 용어

텐팅 (Tenting)

PCB제조 공법중 하나로 D/F을 이용하여 홀을 텐팅하여 부식하여 회로를 형성하는 공법으로 판넬도금 공법을 말한다.

테스트 보드 (Test board)

양산 PCB와 동일한 공정으로 제조되어 생산관리, 품질관리, 제조능력 등을 종합 검토할 목적으로 시험 제조된 보드를 말한다.

테스트 패턴 (Test pattern)

PCB의 제조시 시험 또는 측정 및 검사를 위해 필름상에 형성된 패턴을 말한다. 주로 필름 외곽 쪽에 위치한다.

1.13 파균 용어

필름보정 (Artwork Compensation)

PCB 제조를 함에 있어서 재질 또는 회로의 면적 등에 따라 수축/팽창률이 달라 이를 감안하여 필름의 치수를 보정해주는 것을 말한다.

파괴전압 (Breakdown Voltage)

PCB의 절연층이 파괴될 때의 전압을 말하며, 소층 파괴 전압 (절연층에 평행) 과 관층 파괴 전압 (절연층에 수직) 으로 나뉜다.

판끝거리 (edge distance)

PCB의 외곽 끝에서 회로 또는 부품까지의 거리를 말한다.

필렛 (fillet)

PCB의 단자 표면과 회로가 만나는 부위에 형성된 오목하게 땜납된 모습을 말한다.

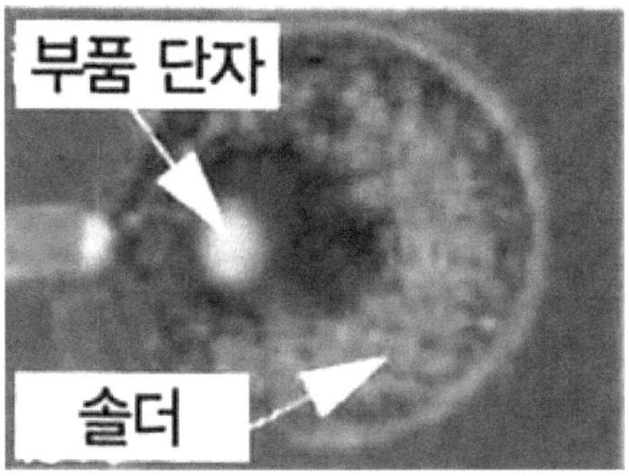

그림 1.91 필렛 (fillet) 모습

플레이킹 (flacking)

PCB의 솔다레지스트 등이 동박 또는 적층판으로부터 떨어진 상태를 말한다. 보통 잉크뜸 현상을 말한다.

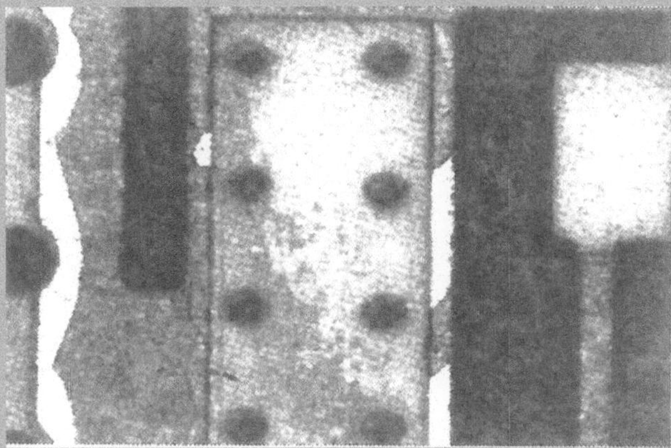

그림 1.92 플레이킹 (flacking) 모습

플래밍 (flaming)

보통 불꽃을 내며 연소하는 상태를 말한다.

편편도 (flatness)

PCB의 편편한 정도를 말하며 보통 Bow와 Twist로 나뉜다. Bow는 한 방향으로 구부러진 상태이고 Twist는 두 방향 이상으로 휜 상태를 말한다.

플로우솔더 (flow solder)

PCB의 솔더링의 한 방식으로 용해된 납이 상·하 순환하면서 PCB에 납땜되는 방식을 말한다.

플럭스 (flux)

PCB의 납땜작업시 금속 표면의 산화제거 및 납땜성을 활성화시키기 위해 사전에 처리해주는 약품을 말한다.

편심 (misregistration)

PCB의 편심은 여러 가지가 있다. 내층간의 층간 정합(registration)이 안 된 경우, 드릴 홀과 외층 필름간의 편심, 외층 패턴 필름과 PSR 필름과의 편심, PCB와 스크린 인쇄제판과의 편심 등이 있는데, 이 모든 것의 공통점은 PCB와 Tool들이 안맞다는 것이다.

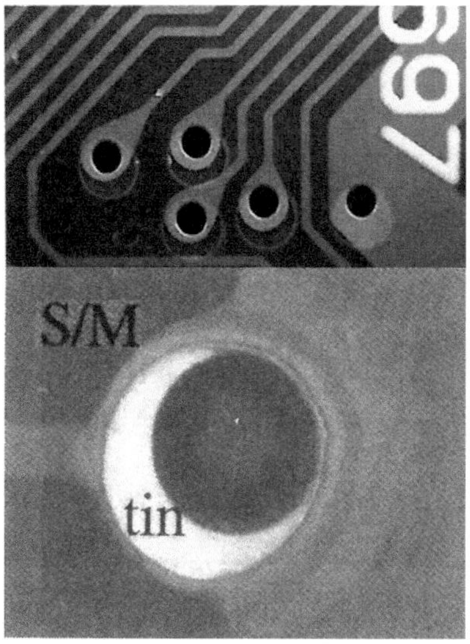

그림 1.93 편심 (misregistration) 들 모습

패키지서브스트레이트 (package substrate)

반도체 칩이 실장되는 PCB기판을 통털어 말한다.

패드 (pad)

보통 PCB의 랜드부위를 필름상에서 말할 때 패드라고 한다.

판넬 (panel)

보통 PCB 제조시 사용되는 재단된 CCL을 일컬으며 회사마다 규격화 되어있다.

판넬도금 (panel plating)

PCB제조공정 중 무전해동도금(P.T.H)후에 홀 속과 표면을 전기도금 방식으로 전체를 모두 도금하는 방식을 말한다. 후속 회로형성 공정을 거쳐 회로가 형성된다.

페이스트 (paste)

PCB의 도전성 단자 또는 홀 속을 through hole화 하기 위한 점성을 갖는 도전성분의 분말을 잉크화 한 것을 말한다. 대표적인 것으로 카본 페이스트, 실버 페이스트 등이 있다.

패턴 (pattern)

PCB의 회로를 보통 일컫으나 넓은 의미로는 회로형상을 한 모든 것을 말한다. 즉, PCB의 회로, 필름의 회로, 도면상 회로 등을 모두 일컫는다.

패턴도금 (Pattern plating)

PCB제조공정 중 무전해 동도금 후 D/F 등으로 홀과 회로를 형성한 후에 홀과 회로부분만 선택적으로 전기도금하는 방식을 말한다.

필링 (peeling)

PCB에 있어서 붙어있어야 할 금속 또는 D/F, ink등이 벗겨지는 현상을 통털어서 말한다. 예를 들면 CCL의 Base Copper가 벗겨진다거나 D/F이 벗겨지거나 PSR ink 등이 벗겨지는 현상 등을 말한다.

포토에칭 (Photo etching)

PCB의 회로형성 과정중 하나로 감광성 레지스트 즉, D/F으로 회로형성 후 부식(etching)을 하여 최종 회로를 형성하는 방식을 말한다.

포토비아 (photo-via)

PCB의 제조공법 중 Build-up 공법의 하나로 감광성 레지스트를 코팅하여 비아 홀 필름을 사용하여 노광, 현상하여 비아홀을 제조하는 공법을 말한다.

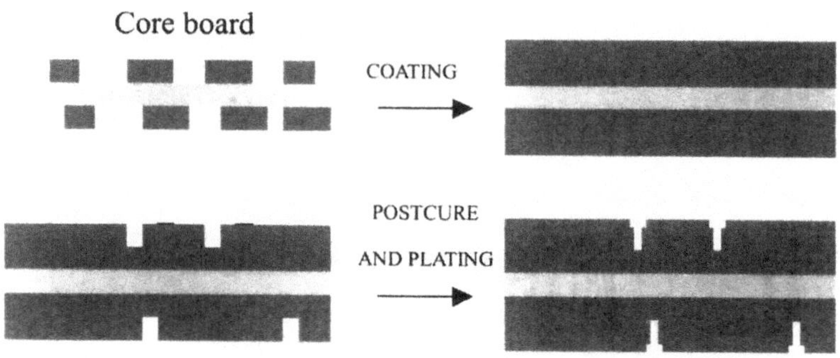

그림 1.94 포토비아 (photo-via) 빌드업 공법

포토마스크 (photo mask)

PCB제조용 아트워크(Artwork) 필름을 일컫는다.

포토플로터 (Photo plotter)

아트워크필름 제조 시 CAM data를 전송시켜서 원 필름에 레이져(Laser)로 data대로 회로를 그려서 아트워크 필름을 제조하는 장비를 말한다.

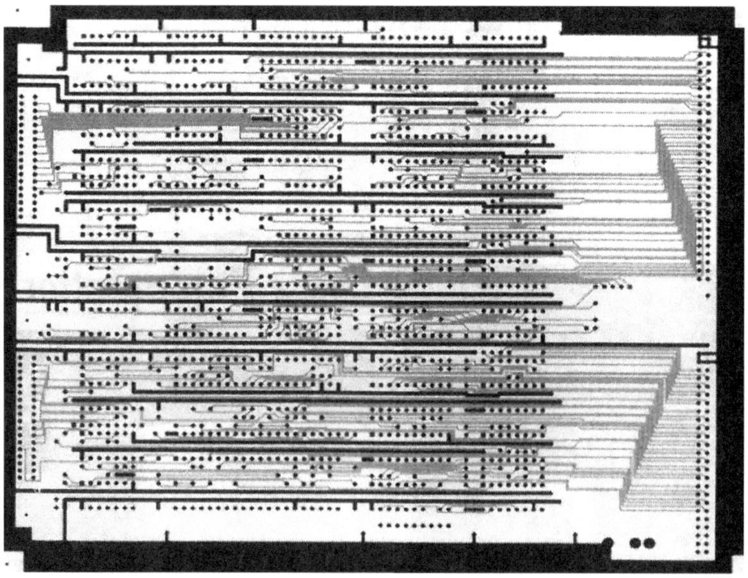

그림 1.95 포토플로터 필름

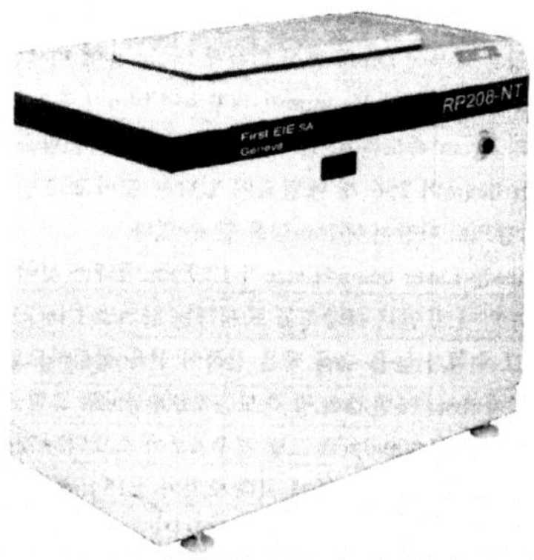

그림 1.96 Laser photo plotter 모습

포토툴 (photo tool)

PCB제조용 필름을 통털어서 말한다.

피어스 (pierce)

PCB에 홀을 뚫을 때 치구 또는 금형 등을 이용하여 홀을 가공하는 것을 말한다.

핀 밀도 (pin density)

PCB에서 pin 수/m^2를 말한다. 핀 수가 많을수록 고밀도 실장이 된다.

핀홀 (pin-hole)

PCB나 필름 등에 구멍이 생겨 속이 보이는 현상을 말하며 PCB의 동(Cu)에 구멍이 생겨 절연체가 보이거나 필름의 이멀젼에 구멍이 생겨 빛이 통과하는 불량을 모두 핀홀이라 한다.

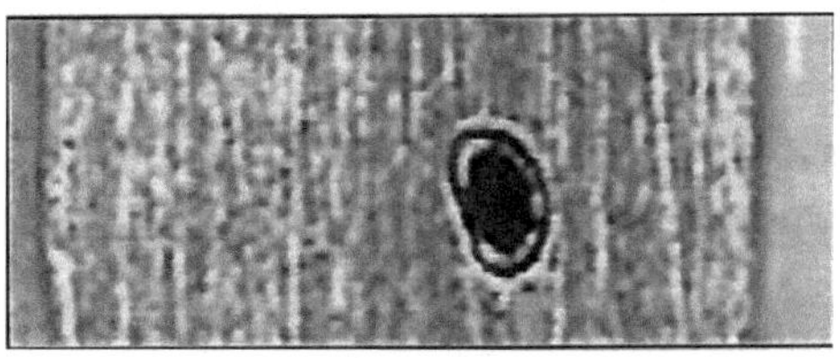

그림 1.97 핀홀 (pin-hole) 모습

핀 라미네이션 (pin Lamination)

다층 PCB의 적층공정 방식의 하나로 내층 및 적층도구(tool)에 가이드 홀을 가공하여 가이드 판을 삽입하여 각 층의 정합(registration)을 이루어 적층하여 다층 PCB를 제조하는 방식을 말한다.

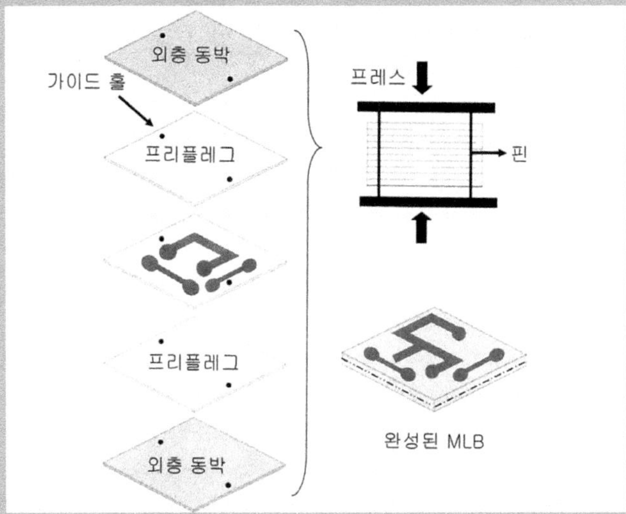

그림 1.98 핀 라미네이션 (pin Lamination) 모습

핑크링 (pink ring)

다층 PCB 제조 과정에서 홀 속에서 내층 접속부위로 산 성분이 침투하여 내층의 옥사이드(oxide)층을 용해하여 링 모양으로 핑크빛 동(Copper) 을 드러내는 불량을 말한다.
핑크링(pink ring) 발생부위는 보통 쐐기보이드(wedge Void)가 발생되어 신뢰성 문제를 야기시킨다.

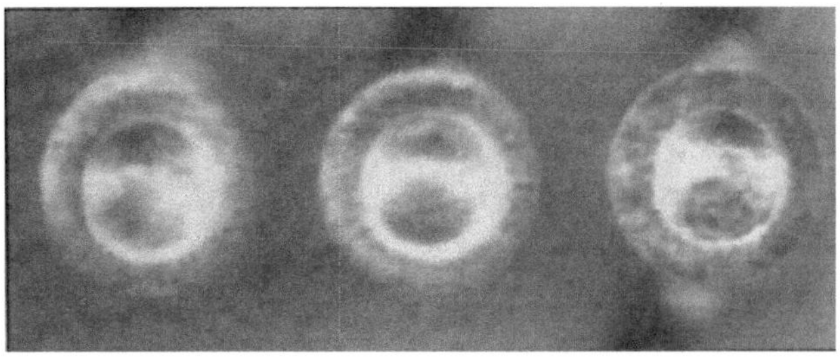

그림 1.99 핑크링 (pink ring) 발생한 모습

피트 (pit)

PCB의 회로 상에 주로 나타나는 외관불량으로 동(Copper) 부위에 마치 쥐가 갉아먹은 것 같은 흠집이나 패인 형상으로 나타나는 불량을 말한다. 발생원인은 다양하다.

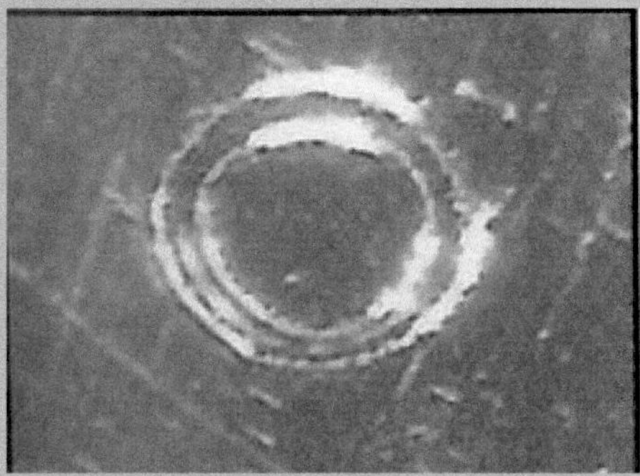

그림 1.100 피트(pit) 불량 모습

피치 (pitch)

PCB의 회로들 간에 한 회로의 중심에서 다른 회로의 중심까지의 거리 또는 한 단자 중심에서 다른 단자 중심까지의 거리등을 모두 피치(pitch)라 한다.

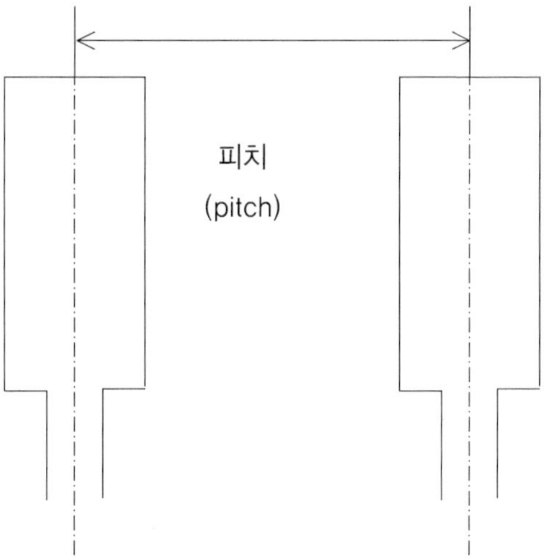

그림 1.101 피치 (pitch) 모습

픽셀 (pixel)

PCB에 사용되는 검사모니터의 화상시스템에서 읽을 수 있는 최소 화상소자를 말하며 이것을 조절하여 검사의 정밀도(정확도)를 조정할 수 있다.

플라즈마 (plasma)

일반적으로 초고온 하에서 양전하를 띤 이온 (+)과 음전하를 가진 전자 (e^-)가 전하수가 같아 중성을 띠고 있는 기체를 보통 의미하고, 이 플라즈마를 이용해 보통 PCB의 세정 또는 부식 등을 처리할 수 있다. 대표적인 것이 플라즈마 디스미어 (Desmear) 이다.

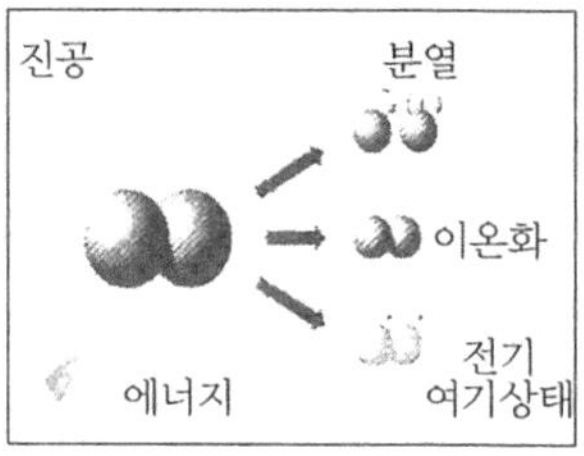

플라즈마의 기본 원리

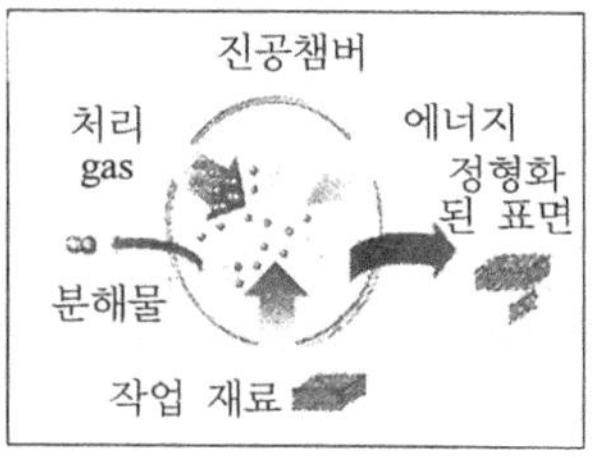

플라즈마에 의한 산소의 이온화

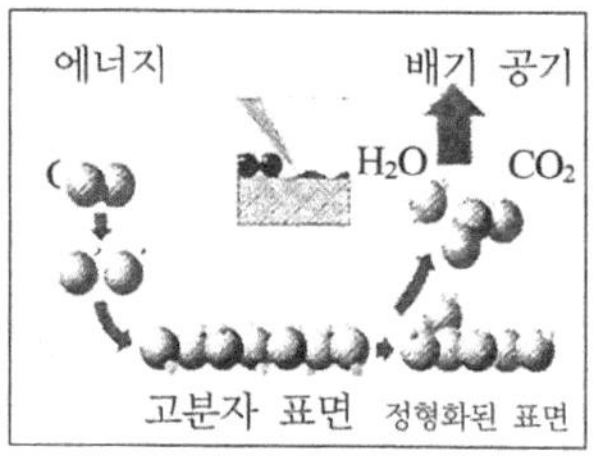

산소플라즈마에 의한 플라스틱 표면의 플리머 제거

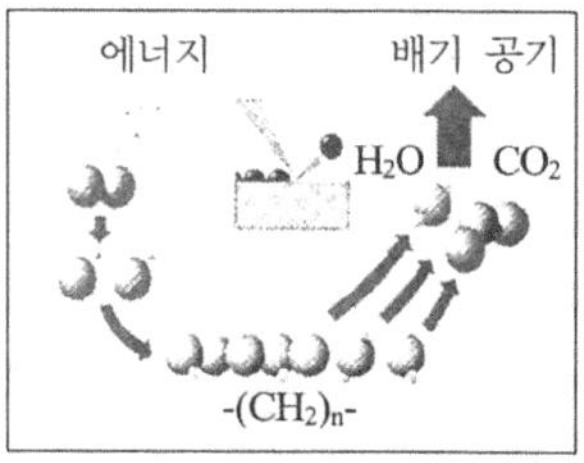

산소플라즈마에 의한 유기물 제거

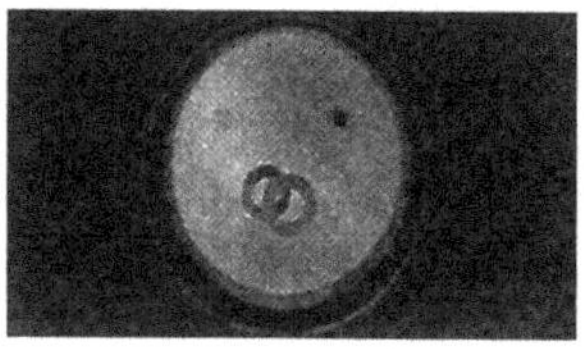

산소 플라즈마

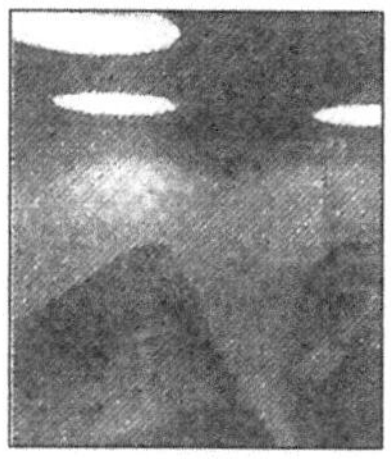

C_2H_4 플라즈마

그림 1.102 플라즈마(plasma)의 원리

포지티브패턴 (positive pattern)

PCB의 회로부분이 검게 이멀젼으로 덮힌 필름상의 회로를 말하며 이러한 필름을 포지티브 필름이라 한다.

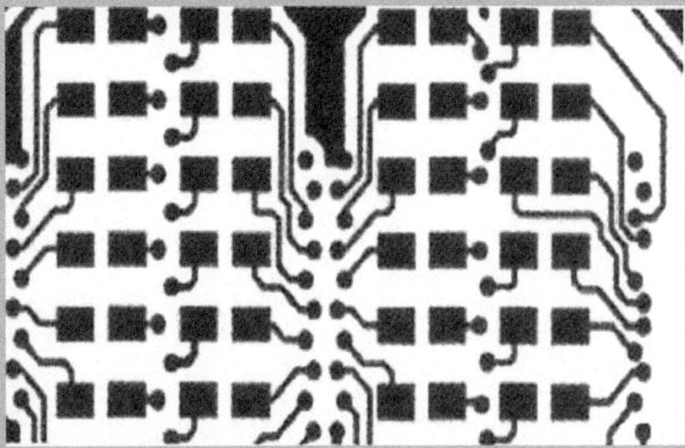

그림 1.103 포지티브패턴 (positive pattern)

프리프레그 (pre-preg)

PCB의 절연층이 되는 재료로 반경화(B-stage) 상태로 유리섬유(Glass fiber)에 수지(resin)가 함침된 재료를 말하며 열과 압력을 주어 동박(Cu foil)과 접합시켜 사용한다.

그림 1.104 프리프레그 (pre-preg)

펄스도금 (pulse plating)

PCB의 전기도금 시 직류가 아닌 펄스형태의 교류를 공급하여 도금하는 방식으로 보통 고전류 부위의 도금을 억제하여 균일한 도금이 가능케 해주기 때문에 고정밀 PCB, 고밀도 PCB, 빌드업 PCB 등에 채택되어 적용되고 있다.

푸시백 (push back)

PCB의 펀칭 가공 작업 후에 펀칭된 것을 다시 원래 상태로 밀어서 되돌리는 가공처리방법을 말한다.

표면절연저항 (Surface Insulation Resistance)

PCB의 표면절연 저항치를 말하며 PCB회로에서 기본적인 전기적 특성치로써 전기, 신호 전달시 규정에 미달 시 제 기능을 발휘하지 못하거나 부품 파손 등의 문제가 발생된다. 측정법은 특정 시편을 제작하여 주전극과 부전극에 DC500V를 인가하였을 때 발생하는 저항치를 측정하여 알 수 있다.

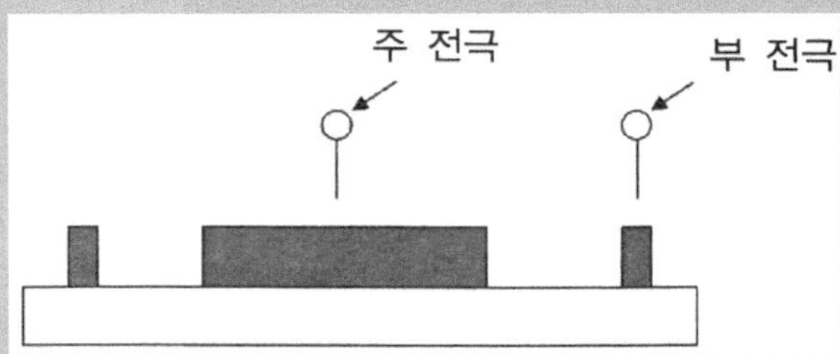

그림 1.105 표면절연저항 측정방법

표면실장부품 (Surface mounted Component)

어떤 부품의 표면실장 부품을 말하며 초기 진공관을 시작으로 트랜지스터, IC, LSI, VLSI로 거듭 기술개발이 되어 실리콘, 갈륨비소(GaAs) 등으로 바뀌어가고 있다. 요즘은 저항(Resistor), 캐패시터(Capacity), 다이오드(diode) 등으로 바뀌어 가고 있다.

표면실장기구 (Surface mounted device)

보통 표면실장형 부품이라 하고 SOP(Small Outline Package), FPP(Flat Plastic Package), QFP(Quad Flat Package), LCC(Leadless Chip Carrier) 등이 있다.

1.14 하군 용어

합금도금 (alloy plate)

두 가지 이상의 금속을 사용하여 PCB에 도금하는 방식을 말하며 대표적인 합금도금으로 솔다(SnPb)도금이 있다.

환상형 고리 (Annular ring)

PCB 홀 주위의 도전금속의 홀을 말하며 홀 내벽 가장자리로부터 Pad 외곽 모서리까지의 거리로 정상 기능하기 위해서 최소 50㎛ 이상은 되어야 한다.

그림 1.106 환상형 고리 (Annular ring) 모습

흑화처리 (Black oxide)

다층 PCB 제조공정 중에 내층의 각 회로, 랜드 등에 화학적 산화처리를 하여 검게 산화시켜 내층간, 내층과 외층과의 밀착력 증강을 위해 처리하는 화학처리를 말한다.

휨 (Bow)

PCB가 제조 공정을 거치면서 열과 기계적 충격 등에 의해 같은 방향으로 구부러져 있는 상태를 말한다.

화학적 홀 세척 (Chemical hole cleaning)

보통 다층 PCB 홀 가공 후 발생하는 스미어(smear)를 제거하는 디스미어 (Desmear) 공정을 일컫는다.

회로층 (Circuit Layer)

PCB면에 회로로 그려진 면을 보통 일컫는다.
반면 그라운드로 형성된 그라운드(Ground) 층도 있다.

하드웨어 (hardware)

PCB의 일부는 아니지만 PCB에 추가되는 부속물로 터미네이터(Terminator ; 외부접속단자), 아일렛(eyelet), 리벳(rivet) 등이 있다.

홀 터짐 (hole breakout)

PCB의 홀을 랜드(land)가 확실하게 둘러싸고 있지 못하는 상태를 말한다.

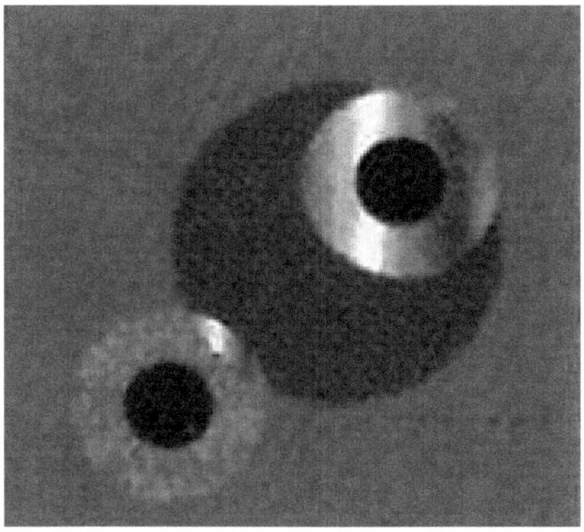

그림 1.107 홀 터짐 (hole breakout) 모습

홀 밀집도 (hole density)

PCB의 hole수/m^2를 말한다.

홀 메꿈 (hole filling ; hole plugging)

PCB의 제조공법 중 하나로 도금 또는 가공된 홀 속을 금속 paste 또는 도금으로 메꾸거나, 절연체를 메꾸는 가공방식으로 빌드업, HDI, via fill 공법 등에 적용된다.

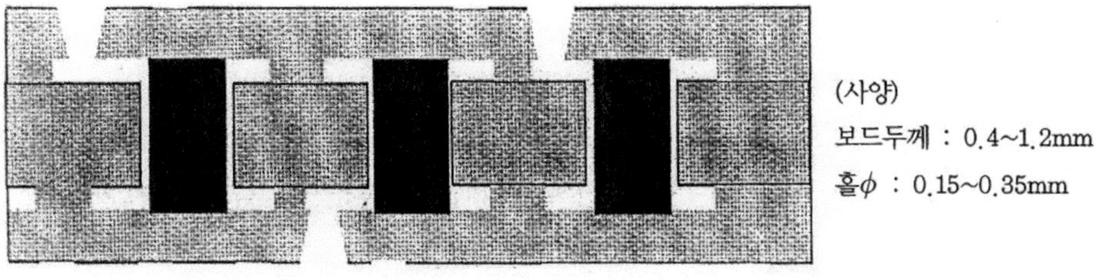

그림 1.108 홀 메꿈된 홀 모습

홀/랜드 좌표 (hole/Land data table)

PCB상에 가공될 모든 홀과 랜드의 수량, 위치, 크기 등을 X,Y 좌표로 수치화 해놓은 표를 말한다.

홀 위치 (hole location)

PCB에 가공된 홀의 위치를 X,Y 좌표로 만든 홀 위치 표를 말한다.

홀 인장강도 (hole pull strength)

PCB 홀 속 도금이 완료된 후 홀 속에 wire를 넣어 솔더링 한 후 홀의 중심층에서 당겨 홀 속 도금층이 파괴되어 떨어져 나올 때 걸리는 힘을 의미한다.

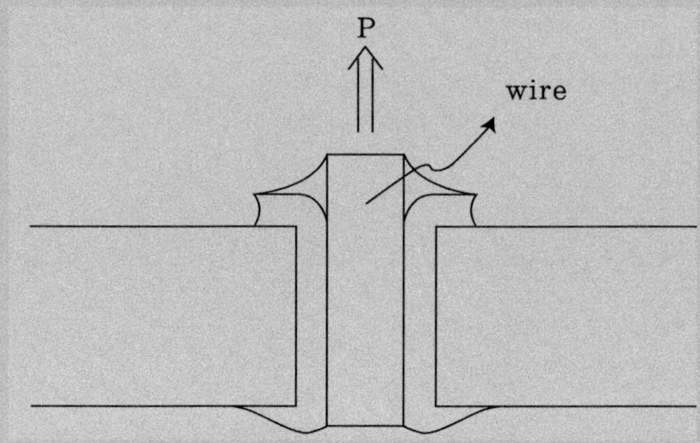

그림 1.109 홀 인장 박리 강도 (hole pull strength) 측정 모습

홀속 보이드 (hole void)

PCB 홀 속 도금 (P.T.H) 상에 도금이 안되어 속 절연층이 노출된 보이드(void)를 말한다.

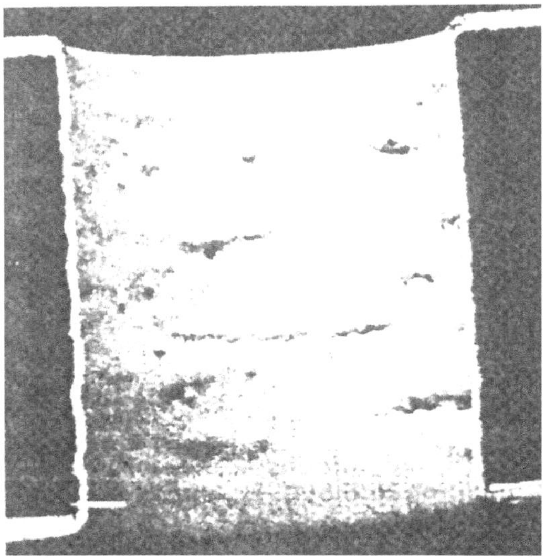

그림 1.110 홀속 보이드 (void) 모습

홀 내벽 분리 (hole wall separation)

PCB의 홀 속 도금이 홀 벽으로부터 분리되어 나타나는 결함으로 보통 원인에 따라 홀벽 뜸(pull away)와 홀벽 함몰 (resin recession) 두 가지로 나뉜다.

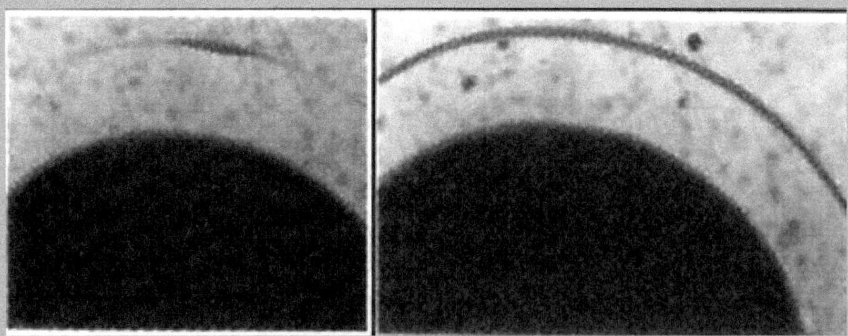

그림 1.111 홀 내벽 분리 (hole wall separation) 모습

핫 프레스 (Hot press)

다층PCB 제조시 내층과 프리프레그 (pre preg), 동박을 접착시키기 위해 사용되는 프레스로 열판과 열판 사이에서 열과 압력을 정해진 조건으로 처리하여 다층 PCB를 제조하는 장비를 말한다.

그림 1.112 핫프레스 M/C 모습

해상도 (resolution)

보통은 상(Image)을 분해할 수 있는 능력의 척도로써 아트웍크 필름상의 최소 회로폭과 회로간격을 형성할 수 있는 능력의 정도를 말한다.

환원반응 (reversion)

PCB의 화학반응 중에 산화(oxidation)와 반대의 개념으로 산소와 결합에서 다시 원래상태로 돌아가거나 전자를 다시 얻어 원래상태로 돌아가는 반응을 통털어서 말한다.

활성화 (Sensitize)

PCB의 도금공정 등에서 도금이 잘 석출되도록 화학적으로 가속화 반응을 돕는 처리를 말한다.

홈(slot)

PCB위에 가공되는 U자 또는 V자 모양의 홈으로 여러 가지 용도로 사용된다.

형판 (Template)

PCB의 큰 홀이나 공차가 엄격한 홀을 가공하기 위해 사용되는 홀 가공 보조판을 말한다.

휨 (wrap)

PCB가 같은 방향이 아닌 2방향 이상으로 휘어있는 불량으로 보통 트위스트(Twist)라고 하며 열적, 기계적 충격으로 발생한다.

제2장

PCB 재료기초

2.1 동박 적층판(Copper Clad Laminate)
2.2 열 경화성 수지
2.3 PCB 제조용 ink

2.1 동박 적층판(Copper Clad Laminate)

동박 적층판은 PCB의 원재료가 되는 기판으로 Copper가 덮여 있는 기판이란 뜻으로 흔히 원판이라고 하며 이것을 출발로 PCB 완제품이 제조된다.

아래는 CCL의 그림이다.

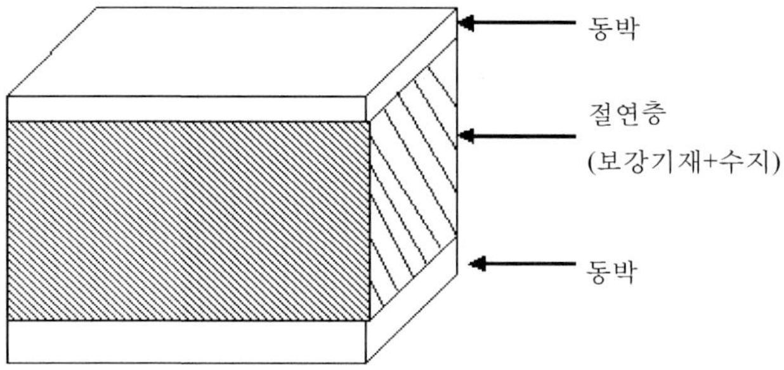

그림 2.1 동박 적층판

동박 적층판은 국내 PCB 원판 제조 업체에서 주로 생산하는데 그 제조 방법은 〈그림 2.2〉와 같다.

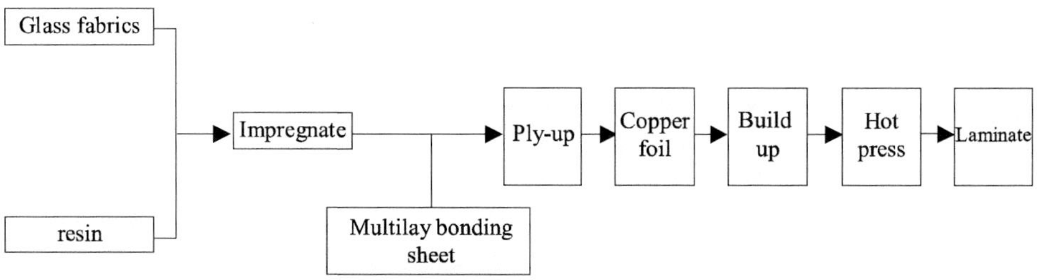

그림 2.2 CCL 제조 공정도

동박 적층판에는 또한 rigid 기판과 flexible 기판으로 나누어지는데 rigid 기판은 경성 기판, flexible 기판은 연성 기판이라 하여 그 용도 및 특성이 다르다.
〈그림 2.3〉은 rigid 기판과 flexible 기판을 나타내는 그림이다.

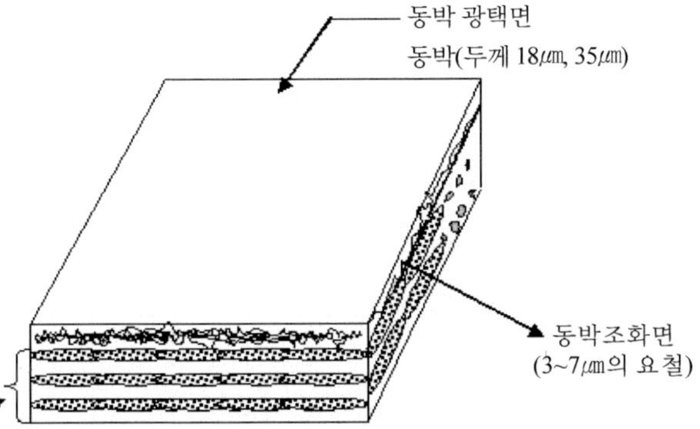

그림 2.3 Rigid 동박 적층판 구조 모양

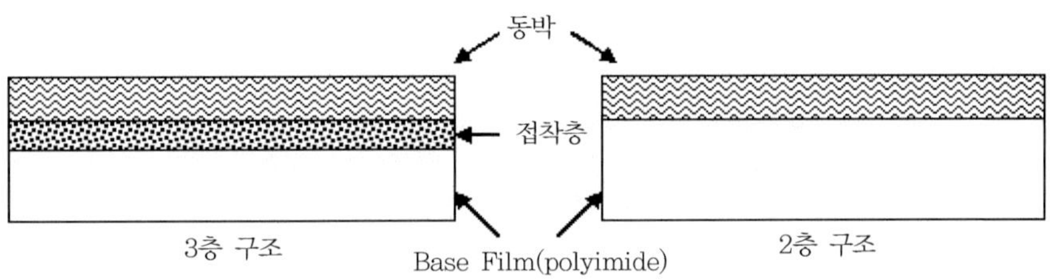

그림 2.4 Flexible 기판 구조

2.1.1 동박(Copper foil) ~ PCB의 도체에 Base로 사용

Cu foil은 PCB의 도체 Base로 사용되는데 그 종류에는 전해 동박과 압연 동박으로 나누어진다.

(1) 전해 동박

전해 동박은 전기 도금 공법에 의해 제조된 동박으로 〈그림 1.5〉와 같은 공정을 통해 제조된다.

(2) 압연 동박

압연 동박은 용해된 동을 압연 사출하여 제조된 동박으로 특수 경우에만 사용된다.

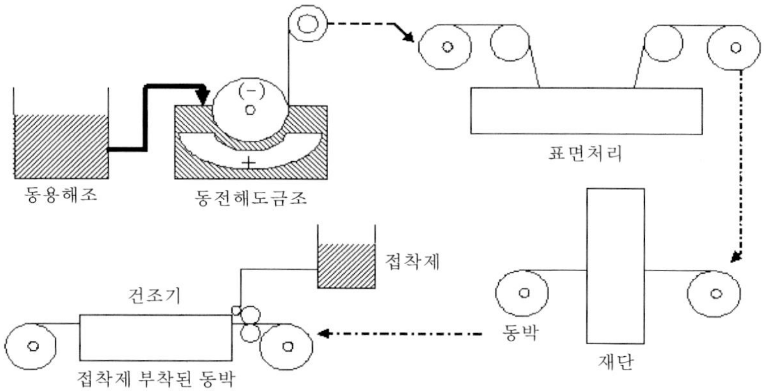

그림 2.5 전해 동박 제조 공정도

〈그림 2.6〉은 전해 동박과 압연 동박의 X-section 사진이다.

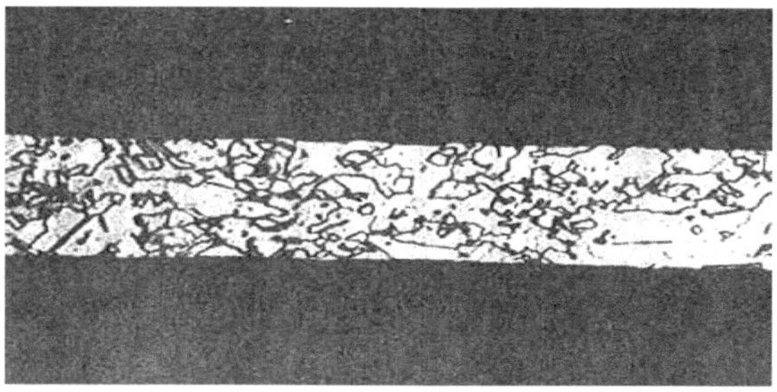

[압연 동박]

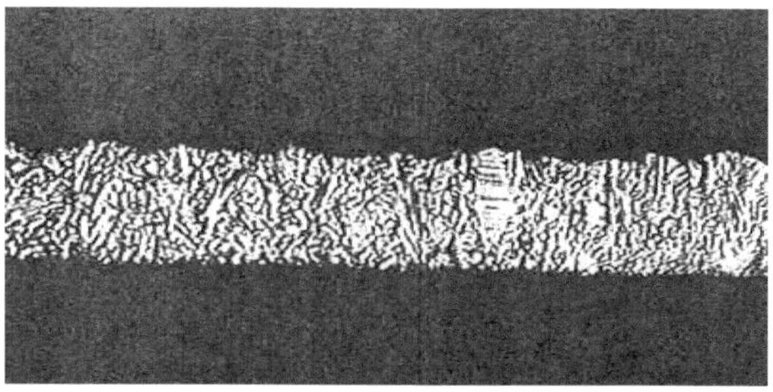

[전해 동박]

그림 2.6 전해 동박과 압연 동박

(3) 동박 요구 조건

① Pin hole이 없어야 함

② 녹쓸음이 없어야 함

③ 오염이 없어야 함

④ 외관 상태가 깨끗해야 함

⑤ 인장 강도가 좋아야 함

⑥ 수축율이 적어야 함

표 2.1 동박의 두께, 무게 도표

구 분	무게(g/㎡)	두께(±공차)(m/m)	순도
1/2 oz	153	0.018±0.0025	공히 99.8% 이상
1 oz	305	0.035±0.0050	
2 oz	610	0.071±0.0075	
3 oz	915	0.106±0.0125	
4 oz	1.221	0.142±0.0150	
5 oz	1.526	0.178±0.0175	

(4) 동박의 구분

표 2.2 전해, 압연동박 특성 비교도

특성 / 종류	두께(㎛)	항장력(kg/mm^2)	신축율(%)	구 분
전해동박	18	27.4	3	$\frac{1}{2}$ oz
	35	22.0	14	1 oz
	70	23.8	18	2 oz
압연동박	18	20.4	5	$\frac{1}{2}$ oz
	35	20.0	20	1 oz
	70	22.5	40	2 oz

(5) 특성 비교

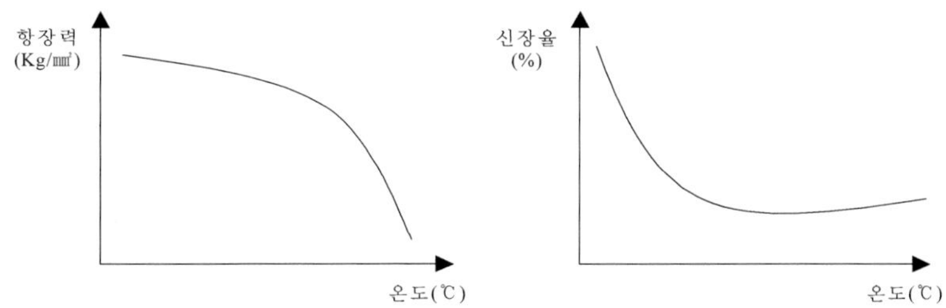

그림 2.7 특성 곡선

2.1.2 절연층

(1) 보강 기재(절연제)

① paper 기재(Craft 지 etc)

② Glass 기재(Glass Cloth, Glass matt etc)

(2) 수지(resin)

Epoxy, Phenol, Polycarbonate, BT, Polyester, Nylon, Melamine, Silicon, Teflon, Polyimide etc

2.1.3 CCL의 종류

(1) Phenol 판

paper 절연제에 phenol resin을 함침 건조된 Sheet 여러 겹을 고온, 고압 처리하여 제조한다.

① 비난연 기재 : xpc, xxpc, xxxpc

② 난연 기재 : FR-1, FR-2, FR-3

(2) epoxy 판

Glass Cloth에 epoxy resin를 함침 건조된 Sheet 여러 겹을 고온, 고압 처리하여 제조한다.

① 비난연 기재 : G-10, FR-4

② 난연 기재

(3) 금속 Base 판

금속 Base 판(철 or Al)에 절연층의 film prepreg를 놓고 그 위에 동박을 올려놓고 고온 고압 처리하여 제조한다.

① 특징

- Al 등의 metal이 내층 기판화하여 표면산화 처리 필요
- 열 방산성, 열전도, 방열 효과 우수

② 적용 기판 : 하이브리드 IC, Power transistor 용

(4) Composite 판

여러 기재를 사용한 기판으로 일반적으로 외측은 Glass Cloth, 중심측은 종이, Glass matt 등으로 구성한다.

① 특징

Glass Cloth와 paper 기재의 장점들만을 살려 만든 기판이다.

② 종류

- CEM-1 (외측 : Class 포, 중심축 : paper + epoxy resin)
- CEM-3 (외측 : Glass 포, 중심축 : Glass 부직포 + epoxy resin)
- FR-6 (외측 : Glass 포, 중심축 : Glass 부직포 + polyester resin)

(5) Flexible 판

polyester, polyimide 등의 내열성 수지를 Base로 하여 film처럼 휨성이 우수한 판에 동박을 Laminate하여 제조한다.

(6) CCL의 Grade 구분

① X : 절연 저항이 min 109Ω 이상

② XX : 절연 저항이 min 1010Ω 이상

③ XXX : 절연 저항이 min 1011Ω 이상

④ P : 가공중 punching이 가능함을 뜻함.

⑤ C : Cold를 뜻함.

EX xpc 전기 절연 저항이 $10^9 \Omega$ 이상의 전기적 특성과 휨 강도 8.0kg/mm^{2}를 지닌 절연판으로 상온에서 Cold punching이 가능한 제품.

⑥ FR(Flame Resistance) : 난연성

(7) CCL의 분류(NEMA 규격)

표 2.3 NEMA 규격에 의한 CCL 분류

Grade	Base materials
x, xp, xpc, xx, xxp, xxpc	paper phenol
xxx, xxxp, xxxpc	
ES – 1	paper melamine
ES – 2	paper phenol
ES – 3	paper melamine
C, CE, L, LE	fabric cotton
A	asbestos paper
AA	asbestos fabric
g – 3	Glass Cont
G – 5	Glass Cloth melamine

Grade	Base materials
G - 7 G - 9 G - 10, G - 11 N - 1	Glass Cloth Silicone Glass Cloth melamine Glass Cloth epoxy Nylon phenol
FR - 1, FR - 2, FR - 3 FR - 4, FR - 5 FR - 6 CEM - 1 CEM - 3 GPO1 ~ GPO6	paper phenol Glass (Cont, Cloth) epoxy Glass fiber, polyester Glass Cloth, paper, epoxy Glass Cloth, Glass web, epoxy Glass fiber mat, polyester

2.2 열 경화성 수지

2.2.1 의 미

분자가 열에 의해 용융, 성장 반응, 가교 반응을 행하므로써 3차원 망상 구조를 형성하여 불용, 불식의 고분자로 이르는 수지류이다.

표 2.4 열 경화성 수지 종류 및 용도

수지명	특 성	용 도				
		전 기	기 계	건축재	일용품	기 타
phenol 수지	강도, 전기 절연성, 내산성, 내열성, 내수성 등 양호	배선기구, 전화기, 라디오 및 TV 부품	기어 부품	합판 접착제	식기, 용기, 버튼 손잡이	
기시렌 (Xylene) 수지	전기 절연성, 내수성 양호	전기 절연 재료				
우레아 (Urea :요소) 수지	무색, 착색 자유 phenol과 유사하나 내수성이 조금 떨어짐	전기기구, 배전반, 색전화기, radio				

수지명	특 성	용 도				
		전 기	기 계	건축재	일용품	기 타
멜라민수지 (melamine)	요소수지와 특성 비슷하나 경도가 높고, 내수성 우수	전기기구, 배전반	전기 부품, 자동차 부품	화장판, 도료, 접착제	식기, 용기	종이 및 섬유 수지가공 주형품
폴리에스터 (polyester) 수지	전기 절연성, 내열성, 내약품 성이 좋으며, 유리 섬유의 보강 재로도 사용	밧데리 Case, 전파 탐지기 Dome	자동차 부품 Volt	Table	버튼 장식품	약품 tank, 플라스틱 콘크리트
phenol 수지	강도, 전기 절연 성, 내산성, 내열 성, 내수성 등 양호	배선기구, 전화기, 라디오 및 TV 부품	기어 부품	합판 접착제	식기, 용기, 버튼 손잡이	
알키드수지 (Alkyd)	접착성 및 내후성이 양호					도료
에폭시수지 (epoxy)	접착성이 강하여 금속의 접착 재료 사용, 내약품 성이 양호	절연체	금속도료, 금속접착제, 공구, 치구			라이닝, 플라스틱 콘크리트
실리콘수지 (Silicone)	내고온·내저온 성, 전기 절연성, 내수성 양호	수중모터 의 절연물, 고온 절연재	이형제, 윤활유, 리데나			방수제, 소포제, 접착제

2.2.2 Phenol resin(페놀 수지)

히드록시 벤젠의 무색 결정체인 페놀류와 포름 알데히드를 산이나 알칼리로 축합시켜 얻은 열경화성 수지이다.

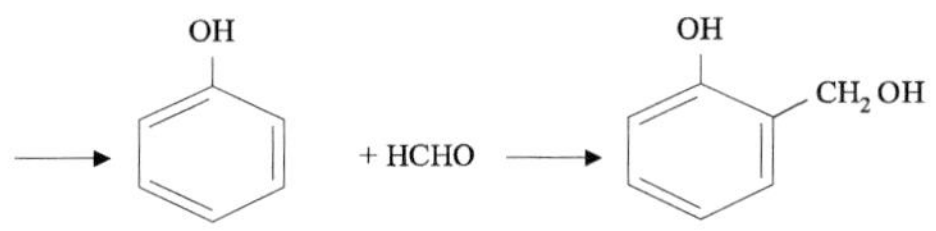

그림 2.8 페놀 수지 제조 반응식

(1) 노볼락형 수지

산을 축합제로 얻어지는 황색 투명한 가용성 수지이다.

(2) A 상태 탄산 수지(레졸형 수지)

알칼리를 축합제로 얻어지는 황갈색 기름 모양 수지(가용가식성 수지)이다.

A(레졸) : 가용가식성 상태 → B(레지틀) : 중간 상태

↓

C(레지트) : 불용불식 상태

(3) 제조 과정(적층판용 수지제조)

페놀이나 크레졸과 포르마린 및 암모니아를 반응 가마에 넣고 환류 반응을 1시간 행한 후 진공에서 1,000 ~ 1,200kg 물을 제거하고, 용제로서 메탄올을 750kg 첨가하여 반응을 종료한다.

■ 첨가제

- 로진은 타발 가공성 향상을 목적으로 첨가된다.
- 디에틸렌스테아 레이트는 내 마찰성 향상을 목적으로 첨가된다.
- Na 설포삭시닉산 디옥틸에스텔은 침윤제로 첨가된다.
- 클레이, 벤트나이트는 성형성, 기계강도 향상을 목적으로 첨가된다.
- 산화 안티몬, 염화파라핀, 염소화 폴리비닐, 파클로로펜타시클 로데칸, 인, 염소화합물은 내연조제로 첨가된다.

2.2.3 Epoxy resin(에폭시 수지)

1분자 속에 epoxy 기를 2개 이상 가지는 수지모양 물질 및 epoxy의 고리열림 중합에 의해서 생성된 열 경화성 수지이다.

비스페놀 A와 에피클로로히드린에서 알칼리의 존재 하에 60 ~ 120℃에서 합성한 황색 ~ 갈색의 끈끈한 액체 또는 고체로서 분자량은 300 ~ 8000이고, 비중은 1.15 ~ 1.20, 폴리아민이나 프탈산 무수물로 가교되면 불용불식화 된다.

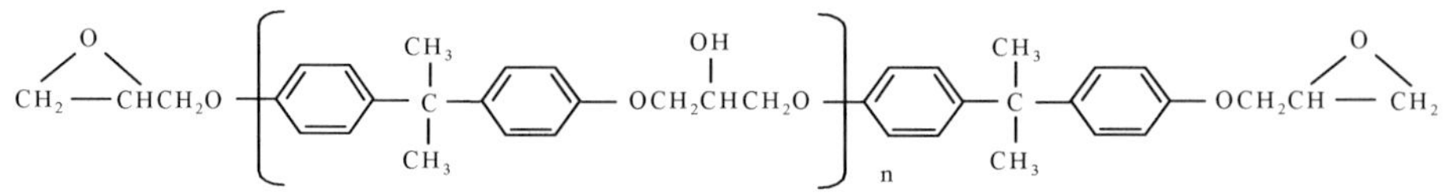

그림 2.9 epoxy 수지 분자 구조

(1) 제조 방법(적층판)

① 습식 적층법(Wet Lay up)

② 건식 적층법(Dry Lay up) : 인쇄 회로 기판용 적층판을 주로 사용한다.

※ 고밀도 실장, 각종 열처리의 내열성 향상을 위해 자기소생성 난연제로 첨가한 할로겐화 epoxy 수지를 개발하여 사용한다.

2.2.4 BT 수지(Bismaleimide Triagine resin)

B 성분(Bismaleimide)과 T 성분(Triagine)을 주성분으로 하여 epoxy 화합물, Anyl 화합물을 첨가한 조성물로 고내열성 부가중합형의 열 경화성 수지이다.

특징은 내열성, 유전특성, 절연특성, 내 migration 등이 우수하고, 성형조건의 반응성이 우수한 도료이며, 구조재료 등에 사용한다.

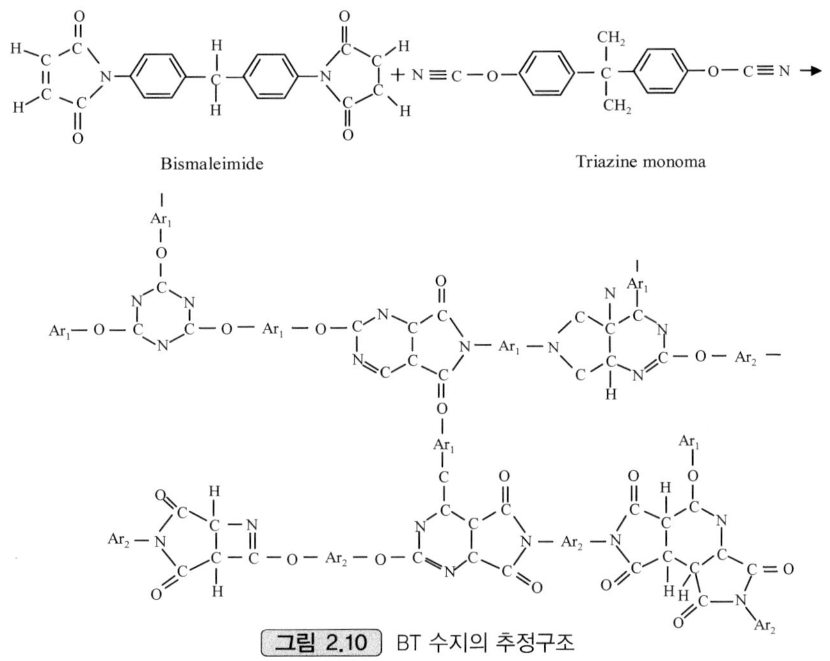

그림 2.10 BT 수지의 추정구조

2.2.5 폴리이미드 수지(Polyimide resin)

Oxyclianiline과 무수 Pyromelit 산의 반응에서 생성한 Polymelitimide의 대표로서 내열성이 우수한 수지이다.

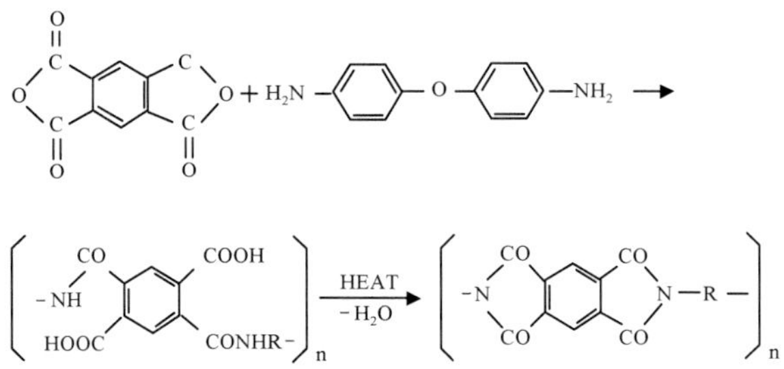

그림 2.11 폴리이미드 수지 구조

2.2.6 경화제(Hardner)

불용불식의 고분자 약품으로서 열 경화성 수지의 경화반응을 돕는 촉매 역할을 한다.

(1) Epoxy 수지용 경화제 종류

① 촉매 type 계

- BF3 - MEA(BF3 mono ethyl amin)
- BDMA(Benzel Demethyl amin)
- DICY(Decyan Deamin)
- Phenyl Imidazol

② 방향족 Polyamin 계

- MPDA(meda phenylen Deamin)
- DDS(Dephenyl Deaminozl)
- DDM(Dephenyl Deamino Metane)

③ 지방족 Polyamin 계

- DETA(De Etylen Triamin)
- TETA(Triethylen Tetramin)

④ 산무수물계

- NMA(무수 Methyl Methacrylate)
- HET(무수 Chlorendic Antydride)

(2) 경화제

B Stage 상태에서 pre preg의 보조 안전성이 우수한 쪽으로 선택하여야 한다(epoxy).

2.2.7 난연제(flame retardant)

열원으로부터 자기소화 성질 및 물질을 소유한 물질로서 가연성, 산소공급원, 점화 에너르기의 3 요소를 방지하는 재료이다.

구성 원소는 인(P), 브롬(Br), 염소(Cl), 안티몬(Sb), 알미늄(Al), 몰디브덴(Mo) 등이 있다.

(1) epoxy 수지계 난연제

① 첨가형 난연제 : 할로겐 화합물과 인산 에스테르류로서 무기화합물속에 3산화 안티몬, 수산화 알미늄이 속한다.

② 반응형 난연제 : 할로겐화 Epoxy 수지(할로겐, 염소, 브롬)로서 브롬의 함유정도로 난연성 Level을 결정한다.

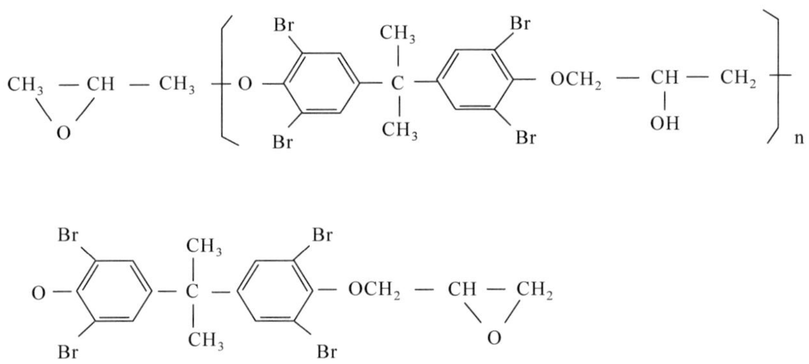

그림 2.12 브롬화 epoxy 수지 구조

2.2.8 중합(Polymerization)

서로 다른 단 분자나 동종의 단 분자가 서로 결합하여 분자량을 크게 만들어 고분자로 되는 것을 말한다.

① 순차 중합 반응 : 축합 중합, 부가 중합, 부가 축합 중합, 개환 중합이 있다.

② 연쇄 중합 반응

- radical 중합, Ion 중합이 있다. (epoxy 수지는 저 분자량의 분자가 개시, 생장, 정지반응으로 연쇄 중합 반응에 속한다.)
- phenol 수지와 포르마린 반응은 〈그림 2.11〉의 (b) 부가 축합 반응에 속한다.

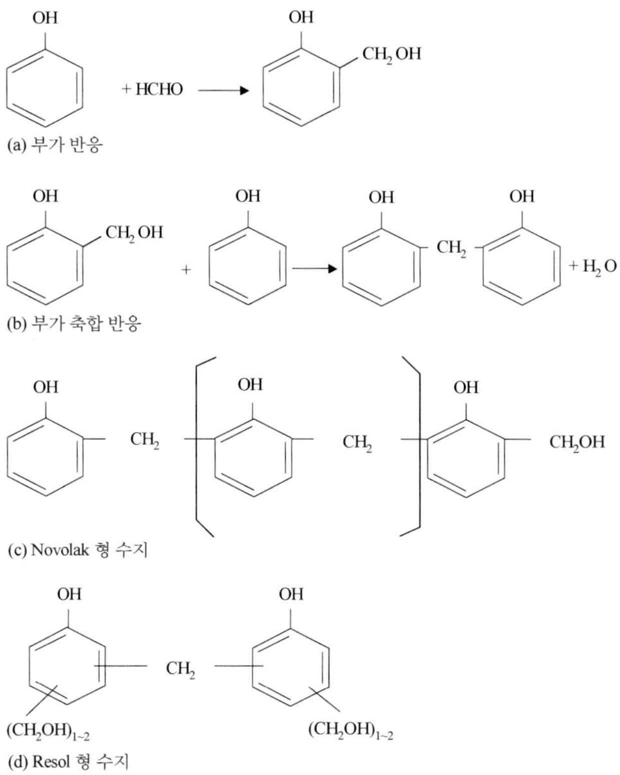

그림 2.13 Phenol 수지와 HCHO 반응과정의 부가/축합 반응

2.2.9 가교(Closslinking or Bridging)

가교 구조(교량 구조)에서 고분자 3차원 망상 구조로 되는 것을 말한다.

Polymer의 내열성, 강도나 탄성 등의 성능을 높이기 위해 가교가 행해진다. (선상 이관능성의 분자간 중합에서 다관능성의 분자로 비 선상 폴리머로 생성한다.)

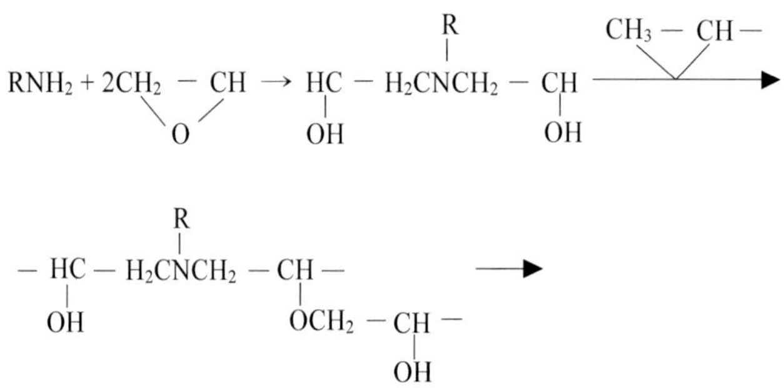

그림 2.14 가교 반응도

2.2.10 Glass 전이 온도(Glass Transition Temperature)

가교 밀도가 적은 무정형 영역에서의 고분자 물질이 저온 상태에서의 glass 상이 굳는 성질이다.

어떤 온도의 중심에서 물질이 고무상태에서의 변화하는 시간 및 온도를 glass 전이 온도(Tg)라 한다.

PCB에서는 Tg에 따라 동점 탄성율, 굴곡률, 열팽창율, 유전율, 비율, 비용 등의 성질이 변하므로 중요하다.

표 2.5 열 경화성 수지의 Tg

수지명	Tg(℃)	비 고
Phenol 수지	120~130	
Epoxy 수지	130~150	
BT 수지	240~330	
Polyimide 수지	260~300	
Polyester 수지	120~130	
Melamine 수지	110~130	
Urea 수지	80~110	

2.2.11 Gel time

분자가 존재하는 상태에서 구조 변화를 하여 3차원 망상 결합으로 급격한 유동성을 개시하는 겔화점으로부터의 시간을 말한다.

보통 Gel time 측정은 수지 상태에서 gel화 현상까지의 시간 측정으로 가능하다. 즉, Colloid 액체(Sol)에서 젤리 모양의 고체(Gel)로 변화하는 현상을 Gel화라 한다.

2.2.12 바니스(Varnish)

수지 원료의 경화제, 경화 촉진제, 반응성 희석제, 가접성 부여제 등으로 적당량 선택하여 함침 후 가열 순환하여 일정한 반응을 하게 한 것이다.

요구 특성은 전기 특성, 가소성, 내열성, 내연성 등이 필요하다. 바니스로는 디시안디아미드(Dicyandiamide), 벤질디메칠아민(Benzyl dimethyl amide), 디메칠 호므아마이드(Dimethyl formamide), 메틸에틸케톤(Methylethyl Ketone) 등이 사용한다.

수지와의 상호 호환성이 중요하며 바니스의 Pot Life, 점도 조정, pre preg의 제조 조건 등과 적층(Press) 조건 등에 영향을 미친다.

2.2.13 유리 수지섬유(Glass Cloth)

5 ~ 15㎛ø 의 유리계(필라멘트)를 수백본 합연사한 사(糸)로서 기계적으로 PCB의 절연부분의 열 경화성 수지와 함께 보강제로 사용한다.

주 성분은 E-Glass Cloth로 일컫는 SiO_2, CaO_2, $Al2O_3$, B_2O_3로 되어있는 유리 섬유이고, 용도별로 적당한 두께, 중량, 밀도, 방향 등을 선택한다.

(1) 제조 공정

원 석	→	용 융	→	방 사	→	연 사
SiO_2, Al_2O_3 CaO_2, B_2O_3		Driect 용해 Marble 용해 (1500 ~ 1800℃)		필라멘트 4~14 ㎛ø		단사, 쌍사 (100~800 본/속)

직 사	→	Bit Cleaning	→	표면처리제	→	유리 수지
평직, 능직 주자직		집속제의 제거 (잔사)		Couping		

(2) 유리 수지 표시 방법(Mil 규격)

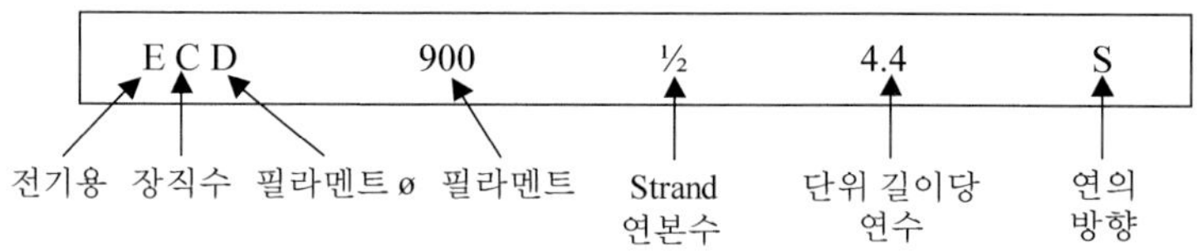

E : Electrical

C : Continuos

D : 0.0023"ø (5.8㎛ø)

900 : Strand 1본당의 yard 수의 1/100 배

$\frac{1}{2}$: Strand 1본의 연(이것의 2본합한 연)

4.4 : 1 inch 당 연의 수

S : 석연(Z), 연 ; 새끼 및 실을 꼼

표 2.6 필라멘트 Ø의 표시기호 단위 : inch(㎛)

기 호	필라멘트 Ø	기 호	필라멘트 Ø
B	0.00014(3.6)	E	0.00028(7.1)
C	0.00018(4.6)	G	0.00038(9.7)
D	0.00023(5.8)	H	0.00042(10.7)
DE	0.00025(6.4)	K	0.00053(13.5)

2.2.14 프리프레그(prepreg)

유리 섬유나 종이 등의 기재의 조정이나 수지 바니스에 함침 건조 처리하여 반경화 된 상태의 Sheet이다. 일반적으로 B Stage 상태라고 한다.

보관은 통상 저온저습 상태에서 보존 관리하면 경화, 흡습을 방지하여 수명을 연장할 수 있다.

(1) 수지량(resin content)

① 시편 : 100×100(mm) (유리 섬유 방향에 45°각도로 Cut), 3매

② 방법

- 0.001g까지 측정하여 무게를 잰다. (3매)
- 500 ~ 600℃, 30분 이상 가열 후 무게를 잰다. (3매)

$$수지량(\%) = \frac{소각전\ 시료중량(g) - 소각후\ 시료중량(g) \times 100(\%)}{소각전\ 시료중량(g)}$$

(2) 수지 흐림(resin flow)

① 시편 : 100×100(mm), 4매

② 방법

- 0.01g까지 측정하여 무게를 잰다.
- 경면판 사이에 끼워 171±3℃의 press 열판 중심부에 놓고 14±2kg/cm2의 압력으로 3분간 Press한 다음 유출된 수지를 채취하여 제거한 후 무게를 잰다.

$$수지\ 흐름(\%) = \frac{press\ 전\ 시료중량(g) - press\ 후\ 시료중량(g)}{press\ 전\ 시료중량(g)} \times 100(\%)$$

(4매의 평균치)

(3) 휘발분(Volatile Content)

① 시편 : 100×100(mm), 2매

② 방법

- 0.001g까지 측정하여 무게를 측정한다.
- 160℃×15분 동안 건조기안에서 건조하여 자연 방치한 후 무게를 단다.

$$휘발분(\%) = \frac{건조\ 전의\ 시료중량(g) - 건조\ 후의\ 시료중량(g)}{건조\ 전의\ 시료중량(g)} \times 100(\%)$$

(2매 평균치)

(4) Gel time

① 시편 : 200×200(mm), 3매

② 방법

Glass fiber가 없는 수지를 Gel 시험기 열판(171±1℃)에 0.15g 정도를 열판 중앙 부분에서 Strainless 봉으로 휘저으며 gel 화점의 판정과 수지의 유동성을 잃는 성질을 이용하여 봉을 끌어올리다가 끊어지는 시점까지의 시간을 측정한다.

2.2.15 화합, 함침 공정(Combination Impregnation)

원료 수지의 예비 반응에 따라서 바니시를 만드는데 까지의 공정에서 보강 기재의 함침과 건조하면서 pre-preg를 만드는 공정이다.

2.3 PCB 제조용 ink

PCB에 사용되는 각종 ink를 종류별/용도별로 분류 설명하면 다음과 같고, 주로 실크스크린용 잉크를 다루었다.

- 단면 인쇄 회로판 : Etching, Solder, Marking ink (열 경화형, 자외선 경화형)
- 산업용 인쇄 회로 기판 : Plating, 1 액형 Solder resist, 2액형 Solder resist, 1액형 Marking ink, 2액형 Marking ink, 도금형 Solder resist

2.3.1 열 경화형 ink

적외선(I.R) 경화 ink로서 Epoxy 수지계통의 Binder를 사용하는 ink로서 1액형과 2액형의 2종류가 있다.

2.3.2 자외선 경화형 ink

U.V 빛의 Spectrum중 자외선 특정 영역에서 광 반응에 의해 경화되는 ink이다.

(1) 내산 잉크(etching resist ink)

알칼리 가용성이며, 30% 정도의 고비점 유기용제가 포함된 제4류 제3석유류에 속한다.

① ink는 내부에 안료입자가 응집하여 점도가 높으나, 교반으로 충분히 혼합시켜 주어야 한다.

- A 상태 : ink의 제조 직후의 상태(최상의 안료입자 분포)
  충분히 교반 후의 상태(최상의 안료입자 분포)
- B 상태 : ink 제조 후 수일 후 상태(안료입자의 분포가 좋지 않음)
  충분치 못한 교반 상태(안료입자의 분포가 좋지 않음)
- C 상태 : ink 제조 후 수주일 지난 후 상태(안료 분포가 나쁨)
  안료 분포가 아주 불량인 상태

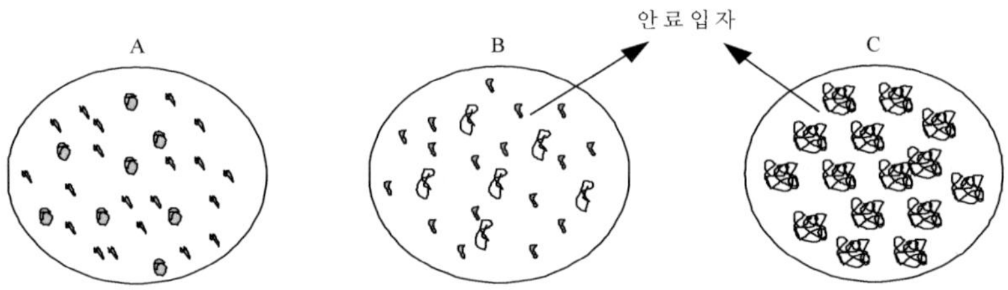

그림 2.15 ink 교반 상태

② 밀착성은 원료 수지의 성질과 ink의 제조 방법에 의해 결정된다. 또한, 교반 정도에 따라 다소 영향을 받고, 60℃ 정도에서 건조한 제품은 양호한 말착성을 갖는다.

③ 점도는 인쇄기(자동 or 수동)의 종류에 맞게 사용되어야 하며, 조건에 맞는 것으로 적용되어야 한다.

(2) 내 도금용 ink(Plating resist ink)

ink 특성 및 주의점은 내산성 ink와 동일하며 일반적으로 건조 조건은 60℃에서 20분 정도

실시한다.

(3) 솔더 레지스트 ink(Solder resist ink)

IR 및 UV 형의 2 종류가 있다.

① 1 액형 Solder resist ink는 제조 후 Life Cycle이 짧아 수일 내에 사용해야 한다.

② 2 액형 Soler resist ink는 주제(ink)와 경화제(additive)로 구분한다.

- 경화제 양이 적을 경우 : 경화 불량 및 밀착 불량을 야기한다.
- 경화제 양이 많을 경우 : 내산성 및 절연성이 약해진다.

(4) 마킹 ink(Marking ink)

솔더 레지스트 ink와 특성이 동일하다.

(5) U.V ink 사용상 주의점

① 인쇄전 충분히 교반해야 한다.

② 온도에 따라 점도가 변화하므로 일정 온도에서 사용해야 한다. (적절한 온도는 20 ~ 25℃)

③ 기판의 동표면 전처리 관리가 중요하다. (산세, 브러쉬 정면, 수세, 건조, 스폰지 로라)

④ 정면 처리 후 30분 이내에 인쇄 작업을 관리해야 한다. (장시간 방치에 의한 산화 및 완전히 식은 후 인쇄하도록 관리해야 함)

⑤ 스크린의 mesh와 유제 두께를 관리한다.

⑥ 인쇄 후 즉시 U.V 건조를 실시해야 한다.

⑦ 경화 조건

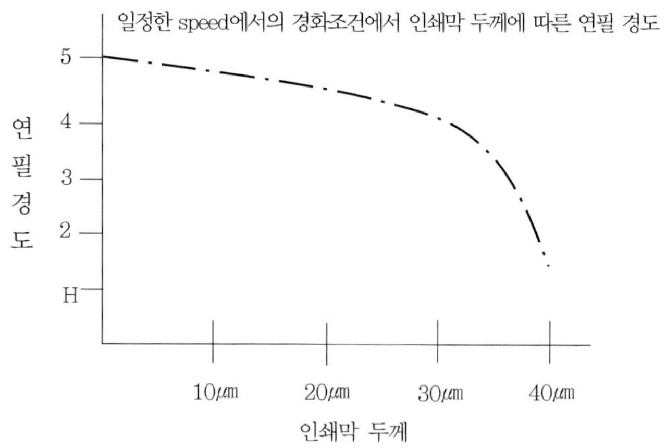

그림 2.16 Ink 도막 두께 VS 연필경도

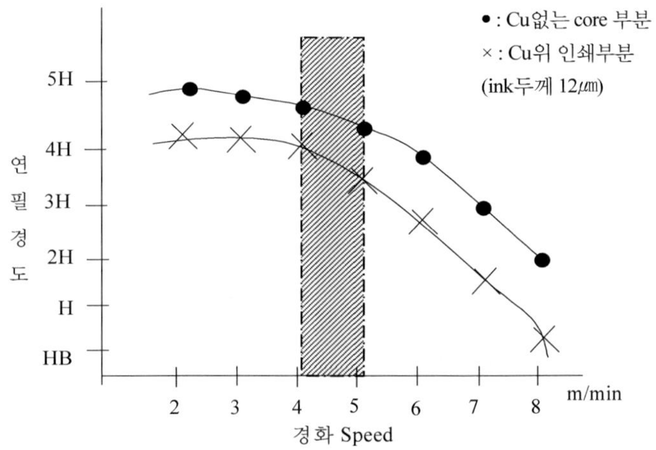

그림 2.17 경화조건 VS 연필경도

표 2.7 U.V ink와 멜라민계, epoxy계 ink 비교표

구 분	UV ink	Epoxy계	메라민계
합성수지	epoxy Arcryl Wooletan Arcryl Polyester	epoxy	메라민, 에폭시 알키드
타약품 반응성분	아크릴산 에스텔 및 메탄그릴산 에스텔 모노머	반응성 희석제	없 음
유기용제 함유량	0	0~30%	20~30%
경화조건	자외선 약 50℃, 10초	열 120~150℃, 5~15분	열 120~150℃, 3~10분
반응형태	빛에 의한 레디칼 중합	열에 의한 부가중합	열에 의한 축합 중합
반응시 부수발생물	없 음	없 음	$HCHO+H_2O$

⑧ UV ink의 pot Life

- 냉암소 25℃에서 1년 간 안정하다.
- 40 ~ 50℃에서 점도 변화가 심하다.

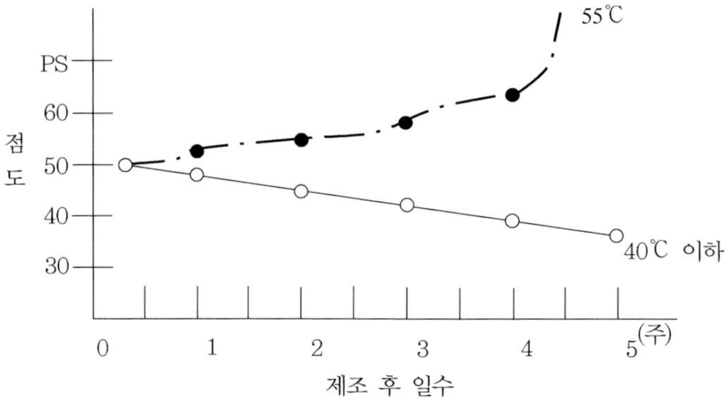

그림 2.18 제조 후 보관 온도차에 따른 ink의 점도변화

제3장

PCB 가공 공구기초

3.1 드릴 및 라우터 Bit

3.2 가공 공구

3.1 드릴 및 라우터 Bit

3.1.1 드릴 Bit

드릴 Bit는 PCB의 hole을 뚫어주기 위한 공구로서 hole 품질에 큰 영향을 미친다.

(1) 재질 구성

① 여러 재질이 있으나 일반적으로는 텅스텐 카바이드의 초경합금이 주류를 이룬다.

② 성분 구성

표 3.1 드릴 Bit의 성상

특 성	함 량
성분(%)	WC 88.0~94.05, Co 12.0~6.9%
경도(HRA)	92~94
밀도(g/cc)	14.1~14.0
입 도	0.3~0.5㎛

③ 근래에는 모든 특성을 보완한 diamond 재질의 Bit도 나오고 있다.

(2) Bit 사양

① type

- Straight type(Shank ø가 3.175mm, 전장 38.1mm)
- Under Cut type(다층기판의 스미어 최소화 용)
- Step down type(ø 3.175 보다 작은 ø Bit)
- Step up type(ø 3.175 보다 큰 ø Bit)

(3) 재질 특성 및 성분 함량

① 재질 특성

표 3.2 드릴 Bit의 재질 특성

	단 위	DATA	비 고
HRA(HV30)		94.5~93.0	Co 함량에 따라
Hardness	N	2,050	20℃, 상온기준
WC size	㎛	0.3~0.5	초미립자

② 성분 함량

표 3.3 드릴 Bit의 성분

성 분	기 호	weight %
Tungsten, Carbide	WC	91.5~95.0
Cobalt	Co	4.5~8.0
기타첨가제	–	0.5

③ Bit의 구조

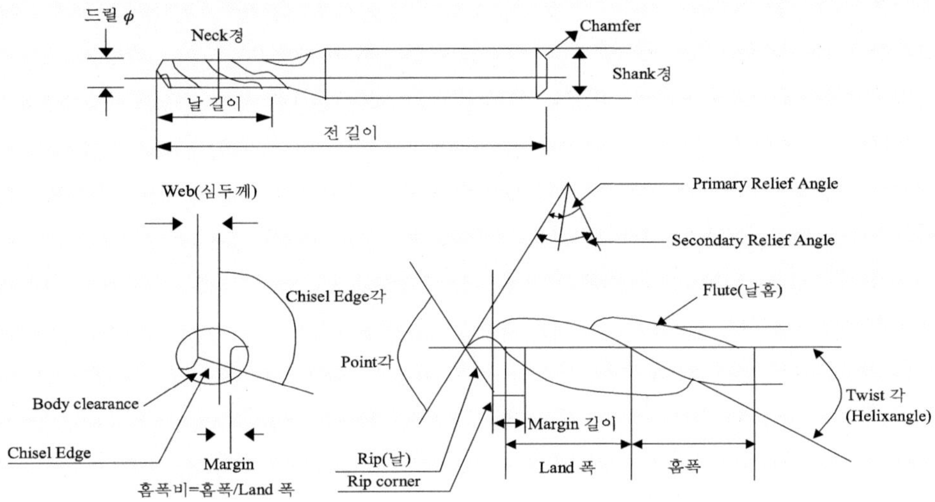

그림 3.1 드릴 Bit의 구조/명칭

(4) 각 부위의 역할

① Shank : 드릴 Bit를 유지하며, 회전력을 전달한다.

② 홈부 : 절삭 부스러기를 배출해 Drill의 강도와 강성을 유지한다.

③ 선단 : 절삭 기능을 한다.

④ Twist : 절삭도에 크게 영향을 주고, Twist 홈은 pump 작용을 하여 절삭 부스러기를 배출한다. 또한, 가공물의 재질에 따라 연질의 Al 합금 등에는 Twist 각을 크게 하고, 경질의 유리, 돌 등에는 Twist 각을 작게 한다.

⑤ point 날 형상 : 절삭 저항 및 절삭 부스러기 형상에 영향을 미친다.

⑥ point 각(선단각)

- Chip 유출 방향과 감김 현상에 영향을 미친다.

- 선단각이 클수록 감김 현상이 적다.
- 선단각이 작으면 Bit의 Thrust 힘은 감소한다.
- 절삭 저항에 관여한다.

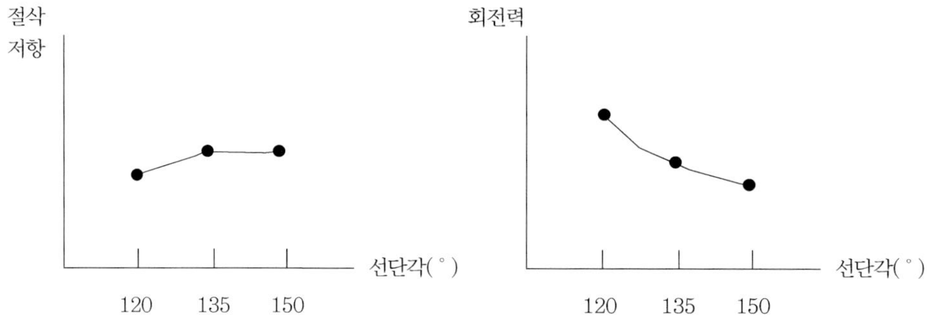

그림 3.2 선단각의 특성 곡선

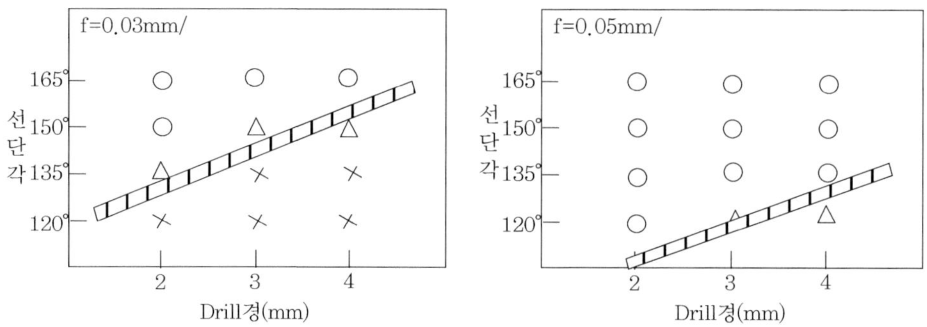

(조건)

- Bit ~ Step up 및 step down
- 가공 ~ FR-4, 3 Stack

(보기) ○ : 얽힘 없음 • entry 보드—phenol 0.5mm

△ : 얽힘 있음 • 가공 조건—rpm 40,000

× : 얽힘 많음 f : 0.03, 0.05mm/r

그림 3.3 선단각 및 Bit Ø별 chip 얽힘 정도

⑦ 홈 길이

- 홈 길이가 길어지면 드릴 강성 저하되고,
- 위치 정도가 불량해 지며
- 홀의 굴절이 야기될 수 있으며
- Bit의 부러짐이 잦아진다.

⑧ Margin 폭, 길이

- Margin의 형상은 Smear 발생과 관계가 있으며 Margin 길이가 짧은 수록 마찰, 긁힘이 적기 때문에 Smear 발생이 적어진다.
- 다층 PCB는 margin 폭, 길이가 짧은 Under cut type이 사용된다.

⑨ web, 홈 폭비

- drill Bit의 강성, 절삭 부스러기 배출성에 영향을 미친다.
- web을 두껍게 하고 홈폭 비를 작게 하면 강성 증가로 Bit 부러짐 줄고, 만곡 강도가 증가하여 위치 정도 좋아지지만, 절삭 저항이 증가하여 절삭 부스러기 배출성은 나빠진다.
- 또한 Smear 발생이 증가하고 절삭 부스러기의 막힘으로 Bit 부러짐 발생 가능성이 높아진다.

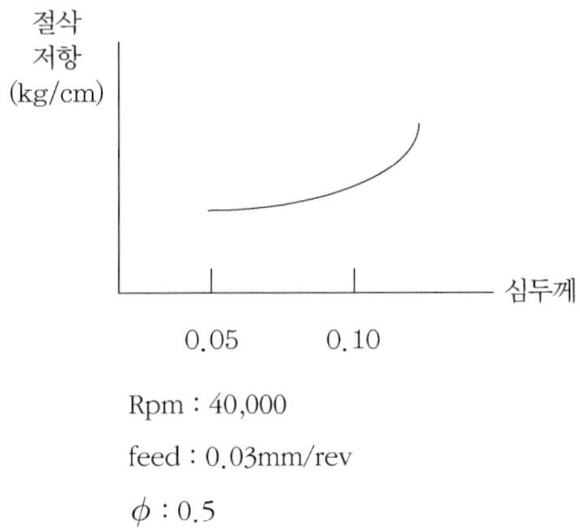

그림 3.4 절삭저항과 심두께의 관계

표 3.4 Bit ø 별 선단각, Twist 각 type별 용도표

[Bit ø 별 선단각, Twist 각 type 별 용도표]

hole Ø	선단각	Twist 각	용 도	Bit type
	120~130°	30°	FR-4, 다층판	Punch(Undercut)
	120°	30°	FR-4	Straight
	130°	25°	다층판	Punch
	120°	37°	지 epoxy, 지 페놀	Straight
	140~150°	35°	FR-4	Straight
	150~165°	35°	FR-4(3.2Ø 이상)	Straight
	120°	35°	일반 가공	Straight

3.1.2 라우터 Bit

라우터용 Bit는 PCB를 최종 완제품 상태로 재단하는데 사용되는 공구로서 그 구조는 다음과 같다.

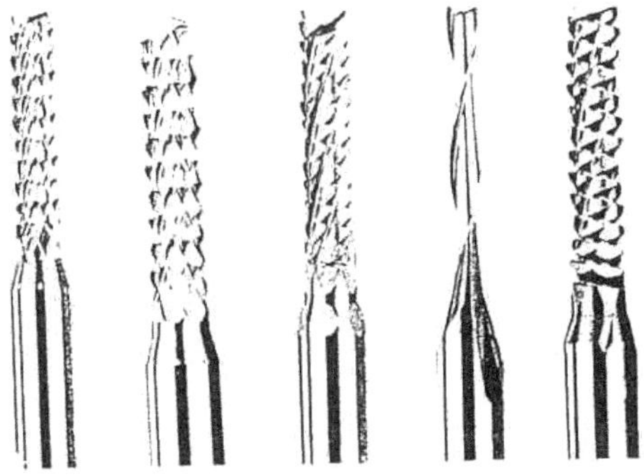

그림 3.5 라우터 Bit

위 그림과 같이 절삭 부스러기를 잘게 부수고 쉽게 배출되는 구조인 Diamond눈 무늬 라우터 Bit가 가장 많이 사용된다.

3.2 가공 공구

3.2.1 재단날

재단날은 주로 PCB를 재단함과 동시에 Cu foil, Al foil 및 Back up 보드 등을 재단하는 용도로 작두형 날과 톱날형 날로 구분되며 그 정도 및 상태가 달라진다.

3.2.2 면취날

면취날은 PCB 재단 후 발생되는 edge 부위의 epoxy 및 fiber 등을 깨끗하게 깎아주는 역할을 하며 재질 또한 고강성 Stainless or 날 끝 부위에 Diamond 가루가 함침된 것 등이 있으며 그 형태는 아래와 같다.

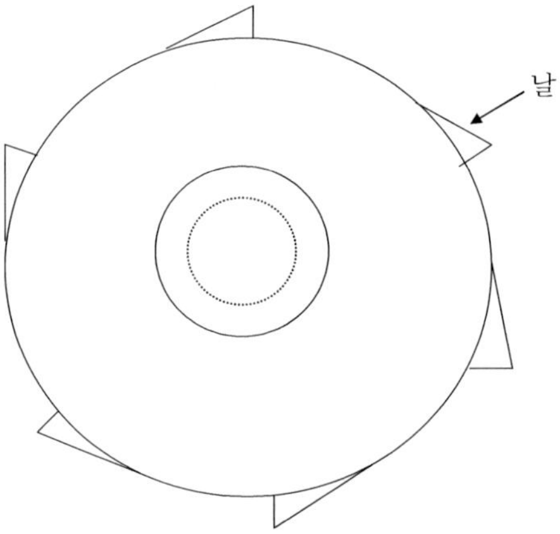

그림 3.6 면취날

3.2.3 V-Cut 날

V-Cut은 PCB의 PCS 별 취급보다는 array 별 취급이 용이하거나, PCS로 분리하여 사용하려고 할 경우 가공하는 것으로 V-홈 형태로 가공하는데 사용되는 날이다. 그 형태는 〈그림 3.7〉과 같다.

그림 3.7 V-Cut 날

3.2.4 기타

Press Punch, 단자면취, Slotting 등이 있는데 상세한 것은 생략한다.

제4장

PCB 기초화학

4.1 기초적 단위
4.2 기초 역학
4.3 화학 용어
4.4 기체

4.1 기초적 단위

4.1.1 길이 단위

① 면적 : 가로 × 세로 = [m2]

② 속도 : $\frac{거리(m)}{시간(sec)}$ = [m/sec]

표 4.1 길이의 접두어

인 자	접두어	인 자	접두어	인 자	접두어
10^{18} 10^{15} 10^{12} 10^{9} 10^{6} 10^{3}	exa peta tera giga mega kilo	10^{2} 10^{1} 10^{-1} 10^{-2} 10^{-3} 10^{-6}	hecto deca deci centi milli micro	10^{-9} 10^{-12} 10^{-15} 10^{-18}	nano pico femto atto

접두어	환산인자	예		기호
킬로	1000(10^3)	1km 1kg	1000m(10^3m) 1000g(10^3g)	km kg
데시	1/10(10^{-1})	1dm	0.1m(10^{-1})m	dm
센티	1/100(10^{-2})	1cm	0.01(10^{-2})m	cm
밀리	1/1000(10^{-3})	1mm 1ms 1mg	0.001m(10^{-3}m) 0.001s(10^{-3}s) 0.001(10^{-3}g)	mm ms mg
마이크로	1/1000000(10^{-6})	1㎛ 1㎍	0.000001m(10^{-6}m) 0.000001g(10^{-6}g)	㎛ ㎍
나노	1/10000000000(10^{-8})	1mm	0.000000001m(10^{-9}m)	Nm

(부피) : 가로 × 세로 × 높이 = [m^3]

- 1L = 10cm × 10cm × 10cm = 1000[cm^3] = 1000[ml]
- 1mL = $1cm^3$

4.2 기초 역학

4.2.1 중력의 법칙

$F = ma$ • F : 힘

$(W) = (mg)$ • m : 질량

• a : 가속도

EX 질량 1㎏이 지구표면에 떨어질 때 중력 가속도 $g=9.81m/sec^2$이므로

$W = mg = 9.81kg \cdot m/sec^2$............. 중량을 나타낸다.

4.2.2 에너지

① 물체는 운동 에너지와 위치 에너지 두 가지가 있다.

② 운동 에너지(K.E) = $\frac{1}{2}MV^2$ (M : 질량, v : 속도)

③ 위치 에너지(P.E) = mgh (m : 질량, g : 중력가속도, h : 위치변화량)

④ 단위 ~ J[kg·㎡/s]

- 1 cal = 15℃의 물 1g을 1℃만큼 올리는데 필요한 열량.
  = 4.184J
- 1 Kcal = 4.184KJ

4.2.3 밀도 = 질량/부피[g/cm^3]

일반적으로 비중이라 하면 상대 밀도를 의미한다.

$$\text{비중} = \frac{\text{물질의 밀도}}{\text{물의 밀도}} = \text{상대 밀도}$$

4.2.4 비 열

에너지와 관련 있는 물질의 세기 성질을 말하며, 물질 1g의 온도를 1℃ 올리는데 필요한 열량을 비열이라 한다.

물의 비열은 4.184J/g℃ 이다.

4.3 화학 용어

(1) 수소 기체(H)가 산소(O)를 포함한 공기 중에서 연소할 때 물이 생성된다.

H O HO

이때, 양쪽에 질량 불변의 법칙에 의하여 다음의 화학식이 만들어진다.

$$2H_2 + O_2 \rightarrow 2H_2O$$

여기서 수소(H)와 산소(O)를 반응물, 물(H_2O)을 생성물이라 한다.

(2) 용액의 용어

① 용매 : 용액 중 많은 비율로 존재하는 물질.

② 용질 : 용액 중 적은 비율로 존재하는 물질.

③ 포화 용액 : 용매와 혼합하여 최대로 용해시킬 수 있는 만큼의 용액.

④ 용해도 : 어떤 정해진 양의 용매에 대하여 포화 용액을 만드는데 필요한 용질의 량. (온도에 약간 변화)

⑤ 불포화 용액 : 포화에 필요한 용질보다 적은 양의 용질밖에 함유하고 있지 않을 경우를 말한다.

⑥ 과포화 용액 : 포화에 필요한 용질보다 많은 양의 용질을 포함한 경우를 말한다.

⑦ 전해질 : 용해되어 전기 전도성을 나타내는 화합물들을 말하며 그 종류는 다음과 같다.

- 강 전해질 : 수용액 중에서 완전히 해리되는 물질. (Nacl, Hcl)
- 비 전해질 : 수용액에서 전혀 이온화되지 않는 분자화합물. (설탕, 에틸 알코올 등)
- 약 전해질 : 화학 반응 결과 이온이 만들어지는 속도가 없어지는 속도와 똑같아 지므로써 이온 농도가 일정한 상태의 전해질 등이 있다.

(3) 산과 염기

① 산 : 신맛, 수용액 중의 하이드로늄 이온(H)의 농도를 증가시키는 물질.

② 염기 : 쓴맛, 수용액 중의 히드록시 이온(OH)의 농도를 증가시키는 물질.

(4) 중화 반응

산과 염기의 반응($H + OH \rightarrow H_2O$)을 말한다.

(5) 산화/환원

① 산화(oxidation) : 전자를 잃음. (ex. $Cu^{\circ} \rightarrow Cu^{2+} + 2e^{-}$)

② 환원(reduction) : 전자를 얻음. (ex. $Cu^{2+} + 2e^{-} \rightarrow Cu^{\circ}$)

4.4 기체

4.4.1 기체의 부피와 압력

압력(P) = 힘(N)·단위 면적(m) = Pa으로 나타내어 단위 면적에 가해지는 힘을 의미한다.

4.4.2 대기압

지구를 둘러싸고 있는 기체에 의한 압력이다.

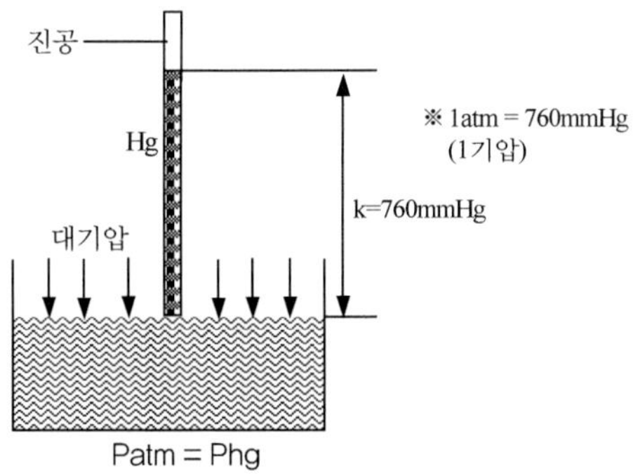

그림 4.1 대기압

4.4.3 보일의 법칙

일정한 온도의 기체의 주어진 양에 대해 기체의 압력과 부피의 곱은 일정하다.

즉, PV = 정수 = NRT

- N : 기체의 몰수
- R : 기체 상수
- T : 절대 온도

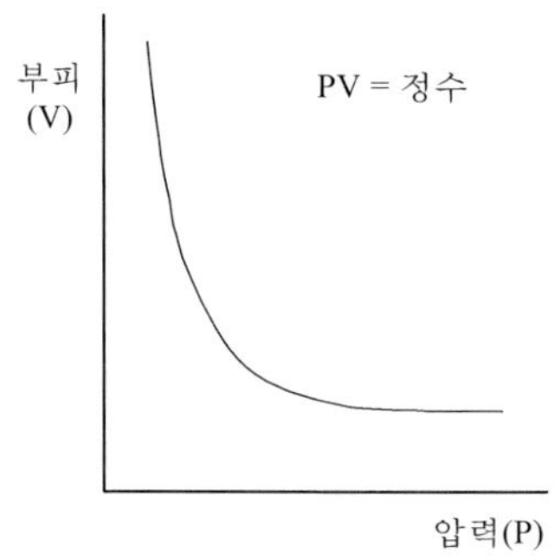

그림 4.2 부피/압력 그래프

4.4.4 상태도

압력과 온도에 의한 상(고체, 액체, 기체)의 변화 그래프를 말한다.

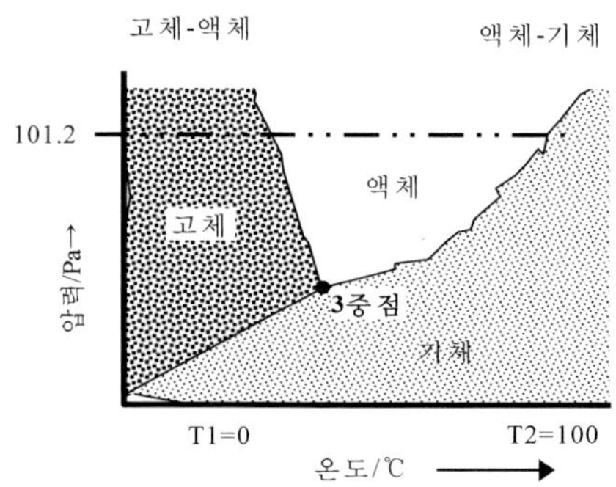

그림 4.3 상태도 그래프

4.4.5 산화환원

(1) 산화/환원 정의

① 산화(oxidation) : 전자를 잃음.

② 환원(reduction) : 전자를 얻음.

(2) PH ~ 수소 이온 농도

① 산 : PH 7 이하

② 염기 : PH 7 이상

③ 중성 : PH 7

4.4.6 전기 화학

(1) 전기 분해(electrolysis)

전해질 전도 중에 전극에서 일어나는 화학 반응을 말한다.

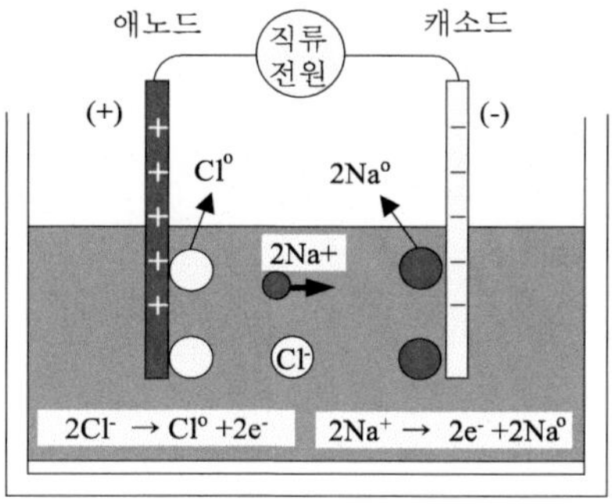

Cl의 생성　　　　Na의 생성

($2Cl^{-} \rightarrow Cl_{O} + 2e^{-}$)　　　　($2Na+2e^{-} \rightarrow 2Na$)

① 음극에서는 환원, 양극에서는 산화 반응이 일어난다.

② 위 반응에서

$2Cl(\,l\,) \rightarrow Cl(g) + 2e^{-}$

$2Na(\,l\,) + 2e^{-} \rightarrow 2Na(\,l\,)$

$2Na(\,l\,) + 2Cl(\,l\,) \rightarrow Cl(g) + 2Na(\,l\,)$

(2) 실제 응용

① 소금물(Nacl 용액)의 전기 분해

- 양극 : $2Cl(ag) \rightarrow Cl(g) + 2e^{-}$ (산화)

  $2H_2O(\,l\,) \rightarrow O_2(g) + 4H(ag) + 4e^{-}$ …… 물의 산화

- 음극 : $Na(\,l\,) + e^{-} \rightarrow Na(\,l\,)$ (환원)

  $2H_2O + 2e^{-} \rightarrow H(g) + 20H(ag)$ …… 물의 환원

  (전체 반응) $2Na + 2Cl + 2H_2O \rightarrow Cl(g) + H_2(g) + 2Na + 20H$

4.4.7 점 도

(1) 정의

유동에 있어서의 내부 마찰 저항을 의미한다.

(2) PCB ink 경우

도료, ink에 Solvent가 들어가 적정 점도를 유지, 조절이 가능하다.

(3) 단위 : Poise

1 P = 1g/cmsec = 1dyn sec/cm^2

[1 Centi Poise = 1/1000 Poise]

(4) 점도 측정

① 모세관식 점도계

- 측정물에 적합한 모세관으로 일정량의 유체가 유출하는 수치로 점도를 계산한다.
- 정확한 측정치는 어려움이 있다.

② 낙구식 점도계

Glass 원통에 측정물을 담아 이것에 수직으로 상부에서 진구상의 강구를 낙하시켜 자유낙하 시간에서 점도를 구하는 방식이다.

③ 회전식

측정물 속에 원판이나 원통형의 추를 달고 시료를 회전시켜 이 추의 움직이는 힘을 측정하여 점도를 구하는 방식이다.

제5장

PCB 응용화학

5.1 Imaging 관련
5.2 Etching
5.3 흑화 처리(oxide)
5.4 디스미어(Desmear)
5.5 무전해 화학 동도금(Exlectroless Cu Plating)
5.6 패턴(전기) 동도금(Electrocuplating)
5.7 전기 솔다 도금(Electro Solder Plating)
5.8 Solder resist ink
5.9 finish

5.1 Imaging 관련

5.1.1 Dry film (PCB의 회로를 형성하는 주 재료로 U.V 감광성 고분자 film)

화학 성분

① Binder Polymer(결합제)

② monomer ─┐
　　　　　　　├─ 광 중합 반응
③ 광 개시제 ─┘

④ 염료

⑤ 중합금지제

5.1.2 반응 mechanism

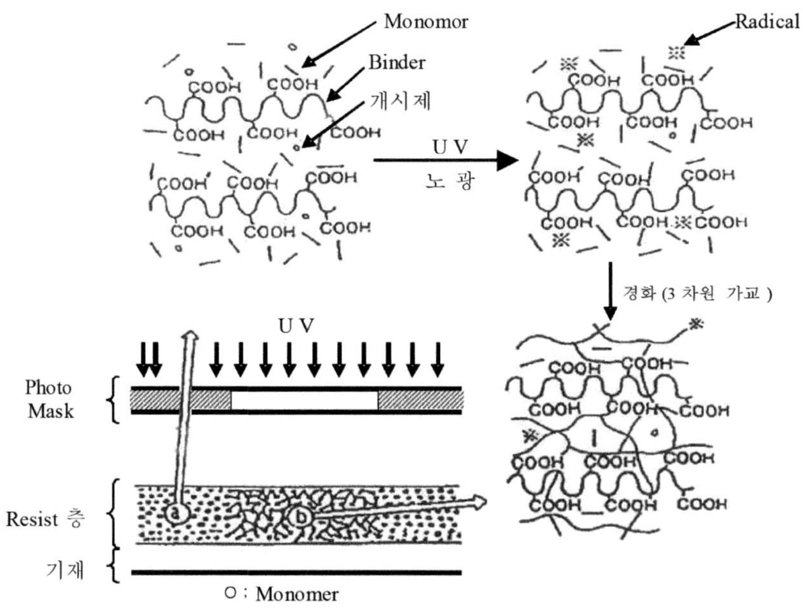

그림 5.1 D/F 노광 반응도

(1) 현상 반응

$$\text{R-COOH} + Na_2CO_3 \xrightarrow{H_2O} \text{R-COO-Na+} + NaHCO_3$$

(Na_2CO_3 수용액에 의한 미노광 부위의 용해 반응)

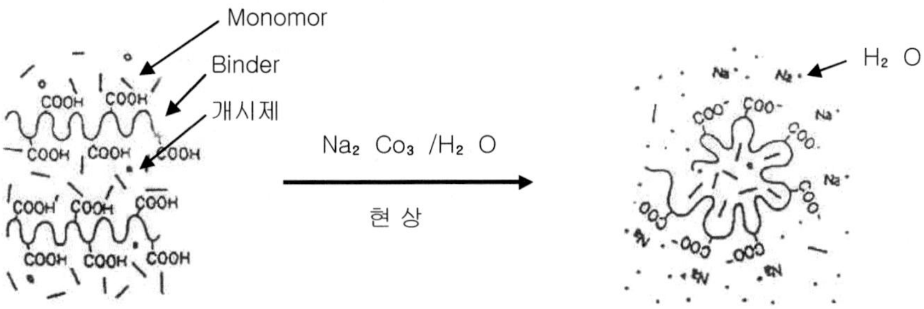

$$\text{R-COOH} + Na_2CO_3 \xrightarrow{H_2O} \text{R—COO— Na+} + NaHCO_3$$

그림 5.2 D/F 현상 반응도

(2) 박리 반응

NaOH/H_2O에 의해 편형 박리

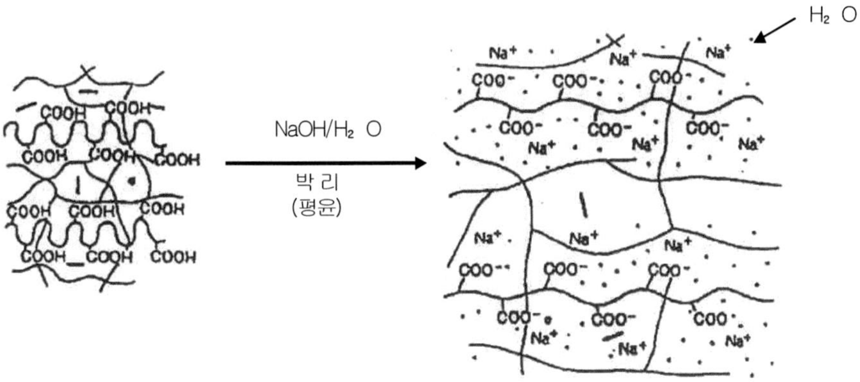

그림 5.3 D/F 박리 반응도

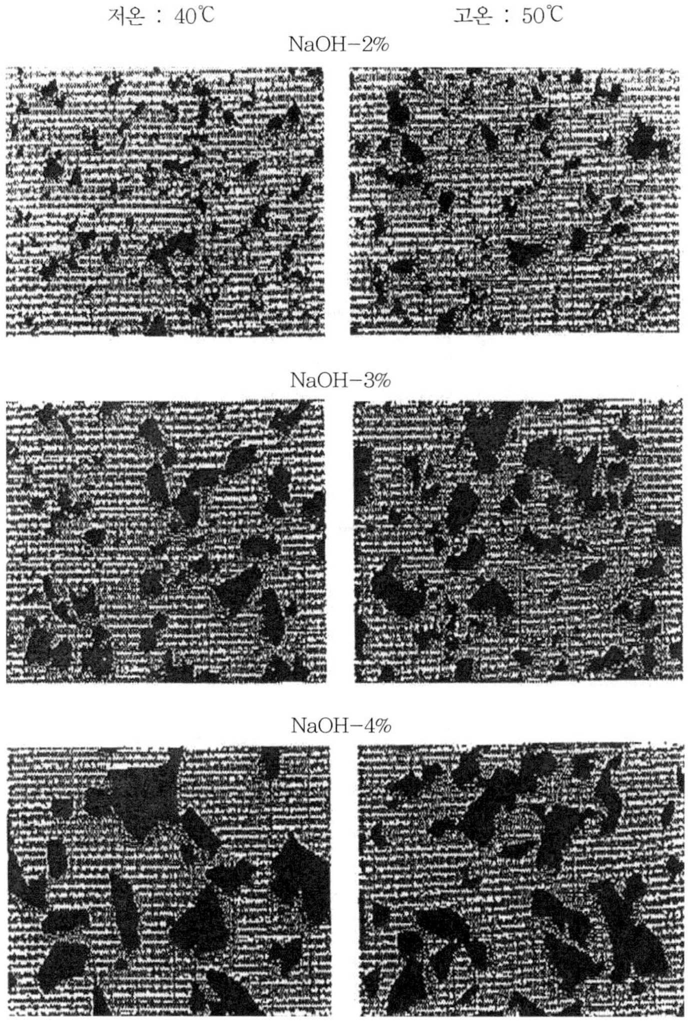

그림 5.4 D/F 박리액 농도 VS 박리편 관계

5.2 Etching

etching은 PCB의 Cu를 용해하여 회로 등을 형성하는 부식을 말한다.

5.2.1 염화 제 2동 용액($CuCl_2$)

(1) 동(Cu) 용해 반응은 다음과 같다.

$Cu + CuCl_2 \rightarrow 2CuCl$

(2) 재생 반응은 다음과 같다.

$2CuCl + 2HCl + H_2O_2 \rightarrow 2CuCl_2 + 2H_2O$

(3) 염화 제 2동 용액 사용 조건은 일반적으로 아래와 같다.

성 분	농 도(g/l)	온 도(℃)	비 중
$CuCl_2$ Cucl HCl	230~350 0~7 80~120	40~50°	1.25~1.28

(4) 특성 곡선

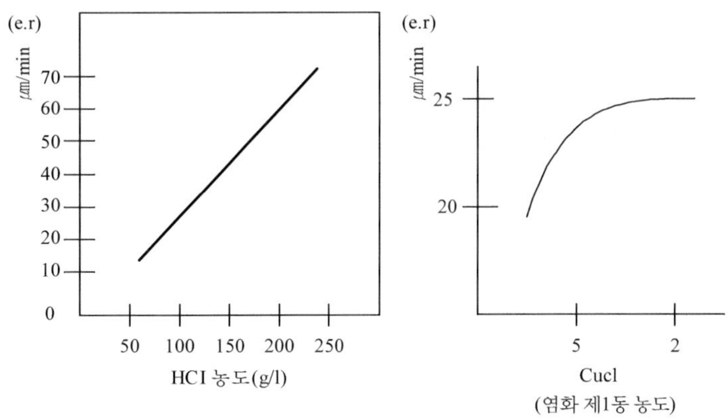

그림 5.5 HCl 농도 , Cu 농도 VS etch rate 관계

5.2.2 염화 제 2철 용액($FeCl_3$)

(1) $FeCl_3 + 3H_2O \leftrightarrow Fe(OH)_3 + 3HCl$ (가수분해)

(2) 동(Cu) 용해 반응은 다음과 같다.

$Cu + 2FeCl_3 \rightarrow CuCl_2 + 2FeCl_2$

① 동 표면 : $Cu + 2FeCl_3 \rightarrow CuCl + 2FeCl_2$

$Cu + CuCl_2 \rightarrow 2CuCl$

② 부식액 : $FeCl_3 + CuCl \rightarrow FeCl_2 + CuCl_2$

(3) 액 조성은 일반적으로 다음과 같다.

성 분	농 도	온 도	비 중
$FeCl_3$ $FeCl_2$ HCl	37 0.3 0.5	40~50	40±2° Be (1.36~1.41)

5.2.3 알칼리 Etching 액

(1) 동(Cu) 용해 반응은 다음과 같다.

$Cu + Cu(NH3)4Cl_2 \rightarrow 2Cu(NH_3)_2Cl$

(2) 재생 반응은 아래와 같다.

$4Cu(NH_3)_2Cl + 4NH_4Cl + 4NH_4OH + O_2 \rightarrow 4Cu(NH_3)_4Cl_2 + 6H_2O$

(3) 액 조성은 일반적으로 Low speed와 high speed로 나누어진다.

Type/조건	Low	high	비 중
NH_3 Cl− Cu 비중 PH E·R	8.2~9.5N(9.2) 150~160g/L 135~145g/L 1.200~1.208 8.0~8.5(8.3) 35~40㎛/min	8.7~9.4N 160~180g/L 140~150g/L 1.210~1.215 8.5~9.0 40~45㎛/min	40±2° Be (1.36~1.41)

5.2.4 과수-황산 etching 액(soft etching 액)

(1) 동(Cu) 용해 반응은 다음과 같다.

$Cu + H_2O_2 + H_2SO_4 \rightarrow CuSO_4 + 2H_2O$

(2) 자기분해 반응이 일어날 수 있다.

$2H_2O_2 \rightarrow 2H_2O + O_2$

5.3 흑화 처리(oxide)

흑화 처리는 다층 제조 시 사용되는 내층 Cu에 산화 처리하여 내·외층의 접착강도를 높이기 위한 처리이다.

5.3.1 반응 원리

$2Cu + ClO_2 \xrightarrow{OH} Cu_2O + ClO$ .... Brown oxide

$Cu_2O + ClO_2 \xrightarrow{OH} 2CuO + ClO$ .... Black oxide

5.3.2 Pink ring 발생 원리

pink ring이란 내층 옥사이드 처리 후 내·외층을 press 적층 후 정상적으로 홀 가공(Drill)하여 약품 처리 과정중에 내층 접속 부위에 산 성분이 침투하여 oxide 층을 부식하여 겉으로 보면 pink 빛을 띤다고 하여 붙여진 이름이다.

$CuO/Cu_2O + 4HCl \rightarrow 2CuCl + CuCl_2 + 2H2O$

$2CuCl \rightarrow Cu + CuCl_2$, $CuCl_2 + Cu \rightarrow 2CuCl$

(1) 방지 방법

① Coating 법 : oxide 층 위에 Cr 산 등으로 Coating하여 산 성분을 차단하는 방법.

② 환원법

- $CuO + 2H^+ \rightarrow Cu^{2+} + H_2O$

- $Cu_2O + 2H^+ \rightarrow 2Cu^+ + H_2O$에 발생되는 Cu^+, Cu^{2+}를 Cu°로 환원제에 의해 환원시켜 산에 용해되지 않게 만드는 방식.

③ dissolution 법 : 환원제를 산성 약품으로 사용하여 CuO 층을 깎아내어 Cu_2O 층을 드러내는 방식.

④ Bond 법 : Cleaner + pre dip + Bond Coating(산성)으로 처리하여 내산성을 부여하는 방식.

5.4 디스미어(Desmear)

드릴 후 발생하는 smear 제거 및 epoxy etching 하므로써 홀 속 접속 신뢰성을 부여하기 위한 처리를 말한다.

5.4.1 방 식

(1) H2SO4(농 황산) 처리

etch back 효과가 있다.

-R′-O′-R-O + H2SO4 ⇆ -R′-O-H-HSO_4-R(resin 용해)

(2) 크롬산 처리

resin을 용해한다.

$-\overset{|}{\underset{|}{C}}- + Cr_4 \leftrightarrows CO_2 + Cr_3$(산화·환원 반응)

(3) 과망간산 처리

resin 용해, epoxy etch 효과가 동시에 있다.

$-\overset{|}{\underset{|}{C}}- + Mn_7 \leftrightarrows CO_2 + Mn_6$(산화·환원 반응)

(4) 프라즈마 처리

① resin 용해, etch 효과가 있다.

② O_2, CF_4 가스로 처리한다.

5.5 무전해 화학 동도금(Electro Cu plating)

드릴 후 hole의 절연체 부분을 Cu로 도금하므로써 전기적으로 PCB의 상·하를 연결시켜주기 위한 화학 동도금을 말하고, 일명 P.T.H(plated through hole)라고도 한다.

5.5.1 반응 원리

반응은 아래의 석출, 분해, 안정화 반응이 연속적으로 이루어진다.

(1) 석출 반응

$Cu^{2+}L + 2HCHO + 4OH^{-} \rightarrow Cu^{\circ} + 2HCOO— + 2H_2O + H_2\uparrow + L$

(2) 액 분해 반응

$Cu^{2+}L + HCHO + 2OH^{-} \rightarrow Cu^{+} + HCOO^{-} + H_2O + 1/2H_2\uparrow + L$

(3) 안정화 반응

$2Cu^{+} + 1/2O_2 + 2H_2O + L \rightarrow Cu2+L + 2OH^{-}$

5.5.2 무전해 화학 동도금 약품

Cu, HCHO, NaOH, 안정제가 사용된다.

5.6 패턴(전기) 동도금(Electro cu plating)

D/F로 회로를 형성한 후 회로와 홀 속에 전기적으로 신뢰성을 부여하기 위해서 전기 방식으로 Cu를 도금하는 것을 말한다.

5.6.1 동도금 약품

동도금 약품에는 다음과 같은 성분 등이 있다.

① 황산 구리($CuSO_4$, $5H_2O$)

② 황산(H_2SO_4)

③ 염소(Cl)

④ 광택제(Brightner, Leveller, Carrier)

5.6.2 도금 원리

Cu Anode의 Cu 이온이 산화/환원(전기의 전류가 그 역할을 함) 반응에 의해 석출

① $Cu^\circ \rightarrow Cu^{2+} + 2e^-$ (산화 : Cu 아노드로부터 Cu°가 용해) ••••• 양극

② $Cu^{2+} + 2e^- \rightarrow Cu^\circ$(환원 : Cu^{2+}이 음극에서 Cu°로 재석출) ••••• 음극

5.7 전기 솔다 도금(Electro Solder Plating)

알칼리 부식 Resist로서 작용하는 솔다(SnPb)를 전기적 방식으로 도금하는 것을 말한다.

5.7.1 솔다 도금 약품

솔다 도금 약품에는 다음과 같은 것이 사용된다.

① 붕불석, 붕불연($Sn(BF_4)_2$, $Pb(BF_4)_2$)

② 붕불산(HBF_4)

③ 전도염(Conductivity Salt)

④ 광택제

5.7.2 도금 원리

솔다 Anode Bar의 Sn/Pb 합금 이온이, 산화/환원(전기의 전류가 그 역할을 함) 반응에 의해 석출된다.

① $SnPb^\circ \rightarrow SnPb^{2+} + 2e^-$(산화 : 솔다 아노드로부터 $SnPb^\circ$가 용해) ••••• 양극

② $SnPb^{2+} + 2e^- \rightarrow SnPb^\circ$(환원 : $SnPb^{2+}$이 음극에서 $SnPb^\circ$로 석출) ••••• 음극

5.8 Solder resist ink

Solder resist ink는 PCB의 최종 표면에 도포되어 납땜이 되는 홀, SMD만 노출시키고, 그 이외의 회로 부분을 보호하기 위해 도포되는 ink를 말한다.

(1) 열 경화형(I.R 경화형)

열 경화형 ink는 열에 의해 경화(중합)가 일어나는 ink를 말하며 반응도는 아래와 같다.

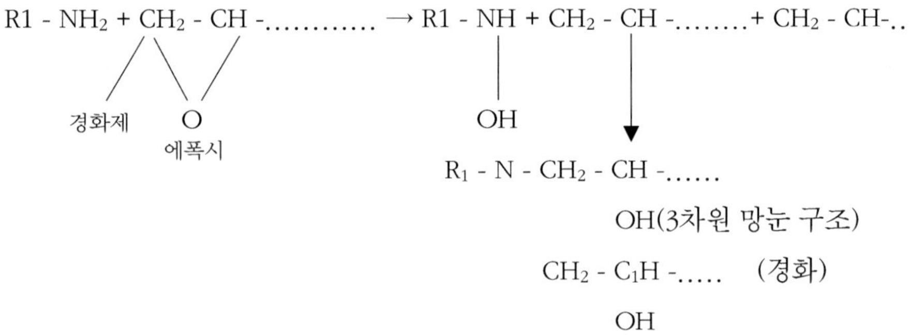

(2) U.V 경화형(U.V)

U.V 경화형 ink는 U.V에 의해 경화(중합)가 일어나는 ink를 말하며 주로 단면 PCB에 적용된다.

5.9 finish

finish 처리는 최종 PCB의 납땜이 되는 홀, SMD 부위에 납땜성을 향상시킬 목적으로 처리하는 표면 처리를 총칭한다.

5.9.1 단자 Ni 도금(watt 욕/설파민산욕)

(1) 용액 조성은

① 유산 Ni

② 염화 Ni

③ 붕산

④ 첨가제로 구성된다.

(2) 작업 조건은 일반적으로 다음과 같다. (watt 욕)

① PH : 4.0 ~ 4.6(4.2)

② anode : Ni

③ 전류밀도 : $5.0A/dm^2$(1.0 ~ 15)

④ 온도 : 45 ~ 70℃ (60℃)

⑤ 교반 : 기계 및 공기 교반

(3) 두께

3 ~ 6㎛ 정도를 도금한다.

5.9.2 단자 금도금

단자 Ni 도금위에 도금하는 것으로 connector 등의 반복 착탈 부위에 도금하는 것이다.

(1) 용액 조성은

① Cyan 화 금 칼륨

② 구연산

③ EDTA 코발트 칼륨

④ 구연산 칼륨

⑤ 주석산 칼륨

⑥ 인산 수소 칼륨

⑦ 탄산 코발트로 구성된다.

(2) 작업 조건은 다음과 같다.

① PH : 3.0 ~ 4.5

② 온도 : 15 ~ 30℃

③ 전류 밀도 : $0.5 \sim 1.0A/dm^2$

5.9.3 무전해 Ni, Au 도금

단자 Ni/Au 도금은 전기를 이용하지만, 무전해 Ni/Au 도금 화학 반응에 의한 도금 방식을 말한다.

(1) 처리 공정 flow

탈지(50℃, 5분)

↓

S·E(25℃, 1분)

↓

산처리(25℃, 1분)

↓

activator(25℃, 2분)

↓

무전해 Ni 도금(90℃, 10분) : 3㎛

↓

무전해 금도금(90℃, 10분, 0.06㎛)

(2) Type

① 치환 석출형(납땜용)

② 자기 촉매형(시간에 비례한 도금 두께)

종 류 / 성 질	치환 석출형	자기 촉매형
특 성	- 소지금속인 Ni을 치환하여 도금이 된 후 도금이 종료됨 - 0.02~0.05㎛ 두께 - 침적 금도금 - Au로 표면을 물들이는 정도 - 하지 금속 Ni에 좌우됨 - 도금 두께 올리면 Ni과 밀착성 저하 - 액 안정성 양호	- 무전해 금도금이라 통칭 - 0.5~1.0㎛ - 도금 두께는 도금 시간에 비례 - 액 안정성 문제 - 강 알칼리로 이에 견디는 S/M 희박
액 조성	- Gold Salt로 Cyan화 금염 or 아유산금염 사용하는 중성 용액	- Gold Salt로는 Cyan 금염 or 아유산금염 사용 - 붕소화합물로 환원 석출시키는 강 알칼리성 용액 - THio 요소, ascorbic 산 등으로 석출시키는 중성 용액

5.9.4 무전해 Pd 도금

(1) Pd의 장점

① 무전해 금도금은 Soldering 시 고온에 의해 Ni-P 층에서 P 농도가 증가 Au/Ni 경계면에서 밀착력이 떨어진다.

② Pd는 Ni과의 경계면에서 문제가 없다.

③ Pd은 경도가 250 ~ 290HV로 Ni 없이도 Cu 위에 도금시켜 납땜용 및 Key pad와 같은 전기적 접촉용으로 동시 사용이 가능하다.

5.9.5 무전해 Ag 도금

① 동 표면에 0.07 ~ 0.1㎛ 두께의 Ag을 화학 반응으로 도금하는 공법이다.

② 도금시 유기 분자 층이 은 표면에 형성되어 Ag의 migration을 방지한다.

③ 특징은 내열성 우수, 장기 방치 후에도 soldering 양호, flux 및 Solder paste와의 호환성이 좋다.

5.9.6 무전해 주석도금

① White tin으로 도금 입자 치밀한 것이 특징이다.

② 도금 과정

Cu° + Sn+2 → Cu_6Sn_5 → Sn(White tin)

→ Cu_3Sn → Sn(gray tin)

으로 나누어진다.

③ Gray tin은 입자가 크고, 정방형의 결정 구조를 갖고, White tin은 육각형의 조밀한 입자 구조를 갖는다. 주로 white tin을 많이 사용한다.

④ fine pitch 부품에 적합하다.

저자 **김형록**

1989년 인하대 물리학과 졸업
1989~1996 (주) 한일써키트 기술부 근무
1997~1998 영익무역(주) 기술영업팀장
1999~2000 주양전자(주) 기술부장
2005년 청운대학원 공학석사학위 취득
2001~2014 혜전대학 전자과 교수
2017~현재 비젼테크 대표

최신 PCB 기초

2022년 6월 7일 1판 인쇄
2022년 6월 17일 1판 발행

지은이 • 김형록
발행자 • 이영애
발행처 • 공감북스
주 소 • 02011 서울시 중랑구 중랑천로 256
전 화 • 02-971-9683
팩 스 • 02-972-9683
등 록 • 제 25100-2015-18호
등록일 • 2015년 7월 15일
e-mail • sympathybook@naver.com

ISBN 979-11-86898-95-6 (93560)
정 가 20,000원

※ 낙장 및 파본은 구입처나 본사에서 교환하여 드립니다.